智能建筑技术培训教材

智能建筑网络工程测试与验收

王志军　汤怀京　编著

中国建筑工业出版社

图书在版编目(CIP)数据

智能建筑网络工程测试与验收/王志军,汤怀京编著.
—北京:中国建筑工业出版社,2002
智能建筑技术培训教材
ISBN 7-112-05249-1

Ⅰ.智… Ⅱ.①王…②汤… Ⅲ.①智能建筑—布线—技术培训—教材②智能建筑—计算机网络—技术培训—教材 Ⅳ.TU855

中国版本图书馆CIP数据核字(2002)第081437号

智能建筑技术培训教材
智能建筑网络工程测试与验收
王志军 汤怀京 编著
*
中国建筑工业出版社 出版、发行(北京西郊百万庄)
新 华 书 店 经 销
北京市彩桥印刷厂印刷
*
开本:787×1092毫米 1/16 印张:12¾ 字数:306千字
2003年2月第一版 2003年2月第一次印刷
印数:1—3,000册 定价:**21.00**元
ISBN 7-112-05249-1
TU·4908 (10863)

本社网址:http://www.china-abp.com.cn
网上书店:http://www.china-building.com.cn

出 版 说 明

近年来,我国智能建筑技术迅速发展,提升了传统建筑产业的科技含量,呈现了巨大的市场潜力。为提高智能建筑从业人员的技术水平和能力,近年来建设部干部学院智能建筑技术培训办公室围绕智能建筑技术发展的热点和难点问题组织了几十期专题技术培训,并且与建设部建筑智能化系统工程设计专家委员会、建设部住宅产业化促进中心、广州市房地产业协会、新疆勘察设计协会、青岛市建委住宅办、上海同济大学、河南省智能建筑专业委员会、杭州市智能建筑专业委员会等单位合作,举办了一系列技术交流和研讨活动,受到各地相关单位和学员的普遍欢迎和好评。

为了适应智能建筑技术发展的形势,满足智能建筑设计、施工、管理和科研以及系统集成商、产品供应商等专业技术人员业务素质提高的需要,我们组织业界部分资深专家编写了这套教材。这些专家具有深厚扎实的专业理论功底和丰富的工程实践经验,有些专家参与了有关智能建筑国家和地方标准、规范的编写,有些专家经常主持和参与各地建筑智能化工程招投标及评标工作。为了突出继续教育的特点,这套教材着重介绍了智能建筑先进的和比较成熟的技术,适当增加了工程实例、实践经验的内容和相关产品的介绍,力求突出教材的实用性和指导性。

这套教材将由中国建筑工业出版社陆续出版,主要包括:

(1) 居住小区智能化系统与技术

(2) 智能建筑/居住小区综合布线系统

(3) 智能建筑综合布线工程实例分析

(4) 智能建筑楼宇自控系统

(5) 智能建筑/居住小区信息网络系统

(6) 智能建筑安全防范与保障系统

(7) 智能建筑视讯与广播电视系统

(8) 智能建筑网络工程测试与验收

由于智能建筑技术还在不断发展,并限于时间的仓促,这套教材不可避免地存在不足之处,敬请业界专家、广大读者提出批评意见。我们将根据技术发展、市场需求以及读者意见,不断完善和扩充教材的内容,为智能建筑技术发展做出新的贡献。

智能建筑技术培训教材编委会

2002年9月

序

自1995年我在向国内的用户推广TSB-67以来(最早还是PN3287小组的草案),我就一直想写一本专门综述布线测试技术的书。但那时候还很不成熟,布线测试也只是在发展的初期,本身的内容也只能将其做为布线工程的一个章节来写。

经历了六七年的市场与技术的发展,今天的布线测试不光在标准本身得到了完善,更在标准的应用上真正普及到了广大的用户中,他们将在对这些标准和应用的知识掌握上直接获得利益。这中间安恒公司作为国际、国内标准最积极的推广和宣传者,为促进国内用户在布线测试与工程验收上走标准化道路起到了功不可没的作用。

就像起草中国国家标准《智能建筑综合布线系统验收标准》(GB/T—50312)的负责人张宜先生所说:"我们制定的这个标准,如果没有你们在实践和方法上大力推广,是不会这么快就被广大用户接受的。……"

今天已不像1995年那样很少有人知道布线还要测试,还有测试的标准。人们也不再那么关心这个六类布线的测试标准最终还要等多久才能正式完成,因为人们已经了解了布线测试的真正价值。

在去年,我留意了一下市场上关于布线测试技术的书籍,发现仍然是以我在1995年、1996年所写内容的翻版为主的情况,我就下决心要将本书写出来贡献给支持安恒多年的朋友们。在完成本书的编写时,我有幸将这个荣誉让与安恒年轻而富有实践和教学经验的工程师们。他们最多的有五年以上的测试和教学经验,也许作为第一次正式写作,他们的文笔不如他们的水平那么好,但我相信各位一定会从他们丰富经验中获益匪浅。

我再说一句关于本书的编写形式,安恒网络维护学院每年要进行对上千学员的培训,我们发现以讲稿方式编排更加有系统性,也适应读者的自学,同样也可以用在各类培训班的教材上。

由于国际标准和布线技术发展迅速,本书仍然会有疏漏之处,望大家指正。

感谢美国FLUKE网络公司多年来对安恒网络维护学院的支持,使本书能更加生动完善。

王志军

2002年6月3日于北京

智能建筑技术培训教材编委会名单

目　　录

第一章
综合布线系统的测试标准

本章主要介绍与综合布线测试有关的各类标准的知识,内容包括:

- 综合布线测试标准的产生
- 测试标准的分类
- 制定标准的国际化组织简介
- 测试标准的作用
- 我国现行的综合布线测试标准

本章重点:

通过上述内容的介绍使读者对整个国际、国内综合布线系统测试标准的产生、现状和发展有一个基本的了解,明确制定各类标准的意义,使从事综合布线相关工作的人员认识到测试标准对于布线工程的质量控制所起的作用,牢固树立按照标准进行规范施工、严格测试的意识,进一步推动我国综合布线行业的健康发展。

一、综合布线测试标准的产生(1)

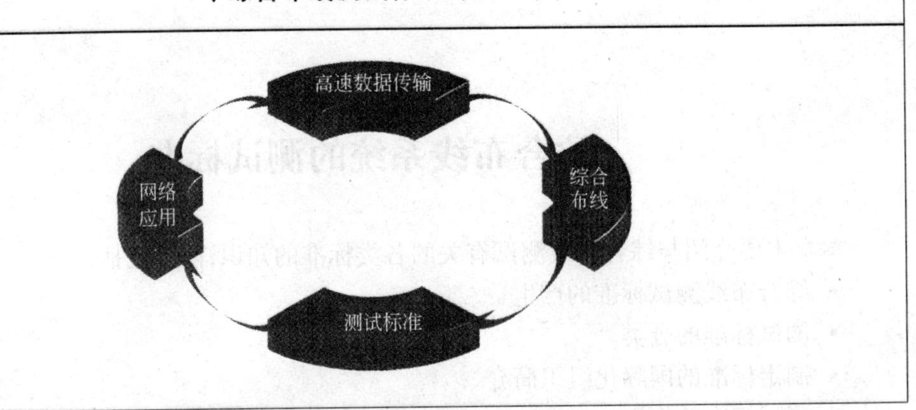

网络是以计算机和通信技术为基础,为实现人们资源共享和信息交流的目的而出现的。网络的迅速发展与人们的应用要求和变化关系密切。从简单的信息文档共享到3D图像、音频视频、传真服务、IP语音等多种数据流的传递;从集中办公到企业级网络客户/服务器分布模式的应用;从局域范围扩展到广域乃至全球的Internet、WWW服务,众多应用的出现与流行将数据流量急剧增加的矛盾更加突出地反映到对传输介质带宽的需求上,就像汽车的普及要求道路越来越宽一样。

而作为网络实现的基础,综合布线系统为多种应用的共同运行建立了统一的平台,成为现今和未来的计算机网络和通信系统的有力支撑环境。因此布线系统的质量和传输性能对于能否实现高速、稳定的数据传输至关重要,而评判质量和性能好坏的界定尺度就成为人们关心的焦点。统一的测试标准就是在这种环境下产生。测试标准制定的意义不仅在于将评判尺度变得量化和可操作,易于控制布线工程的质量,更可起到检验布线系统的传输性能是否可以保证网络应用可靠、稳定和高效运行的作用。

综合布线测试标准的产生(2)

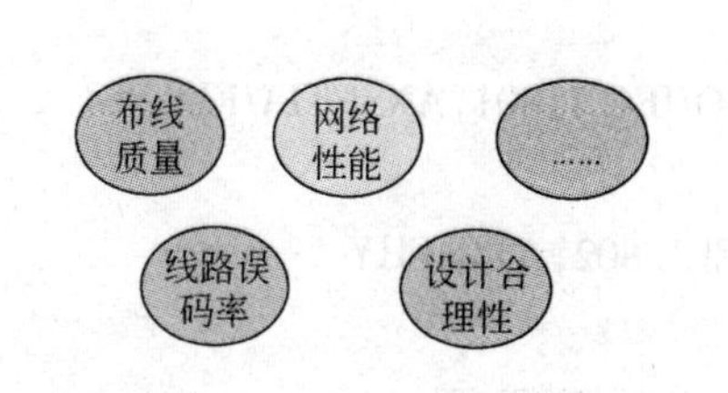

• 网络传输性能受多种因素影响

→ 布线系统的质量

→ 系统设计的合理性

→ 链路实际的传输性能[误码率(BER)决定的]

→ ……

• 其中布线系统是网络的基础

→ 需要通过标准来衡量

数据的通信要受到整个网络性能的影响,而电缆系统是保证网络数据传输率的基础。综合布线系统的传输性能取决于电缆特性,连接硬件、软跳线、交叉连接线的质量,连接器的数量,以及安装和维护的水平即施工工艺。由于电缆系统在实际环境中安装,所以同时还会受到各种环境因素的影响。那么,如何在现场环境下衡量一个网络的布线系统是否合格,能否满足现在和未来网络应用的需求,这就需要规定一定的测试指标和制定界线,这就是标准。

概念:电缆实际性能由误码率决定。误码率是在所传输的数据中每秒钟丢失的数据的次数。局域网的设备能够达到误码率为 10^{-10}位的数据传输。

那么,如何去衡量一个网络的布线系统是否合格,是否满足应用的需求。这就需要有一定的指标,这就是标准。

二、测试标准的分类

- 元件标准

→ 定义电缆/连接器/硬件的性能和级别，例如：ISO/IEC 11801，ANSI/TIA/EIA 568-A

- 网络标准(应用)

→ 定义一个网络所需的所有元素的性能，例如 IEEE 802，ATM-PHY

- 测试标准

→ 定义测量的方法、工具以及过程，例如 ASTM D 4566，TSB-67

电缆系统的标准为电缆和连接硬件提供了最基本的元件标准，使得不同厂家生产的产品具有相同的规格和性能，一方面有利于行业的发展，另一方面使消费者有更多的选择余地和提供更高的质量保证。而网络标准在电缆系统的基础上提供了最基本的应用标准。测试标准提供了为了确定验收对象是否达到要求所需的测试方法、工具和程序。

如果没有这些标准，电缆系统和网络通信系统将会无序的、混乱的发展。无规矩不成方圆，这就是标准的作用，而标准只是对我们所要做的，提出一个最基本最低的要求。

三、制定标准的国际化组织简介(1)

- TIA/EIA—通信工业委员会/美国电子工业协会 

- ISO/IEC—国际标准化组织/国际电工技术委员会 

- CENELEC—电工技术标准化欧洲委员会 

- CSA—加拿大标准协会 

- IEEE—电气和电子工程师协会
- …… 

对于布线的标准,国际上主要有两大标准:TIA(美国通信工业委员会)和 ISO(国际标准化组织)。TIA 制定美洲的标准,适用范围主要是美国和加拿大,并对国际标准起着举足轻重的作用。而我们的线缆来源主要是美国,所以我们更多的依据和使用 TIA 的标准。ISO 是全球性的国家标准机构的联盟组织,国际标准的制定工作,通常由 ISO 技术委员(TC)进行。IEEE 是最重要的网络标准化组织,其 LAN 标准是当今居于主导地位的 LAN 标准。

小字典:

ISO:International Organization for Standardization 国际标准化组织
IEC:International Electrotechnical Commission 国际电工技术委员会
ANSI:American National Standards Institute 美国国家标准协会
TIA:Telecommunications Industry Association 通信工业协会
EIA:Electronic Industries Association 电子工业协会
CENELEC:Comittee European de Normalisation Electrotechnique 电工技术标准化欧洲委员会
CSA:The Canadian Standards Association 加拿大标准协会
IEEE:International Electrical and Electronics Engineers 电气和电子工程师协会

制定标准的国际化组织简介(2)

- ANSI/TIA/EIA 标准

→ 568-B 商业建筑电信电缆标准

→ 569 商业建筑电信通路和空间标准

→ 570 住宅和小型商业建筑电信布线标准

→ 606 商业建筑电信基础结构管理标准

→ 607 商业建筑电信接地和连接要求

→ ……

成立有 80 年历史的美国国家标准协会 ANSI 是 ISO 与 IEC 的主要成员，在国际标准化方面起着很重要的角色。ANSI 自己不制定美国国家标准，而是通过组织有资质的工作组来推动标准的建立。布线的美洲标准主要由 TIA/EIA 制定。EIA 标准文件是在 EIA 技术委员会和 EIA 标准委员会的标准协调委员会范围内拟定的。而 1998 年，EIA 的通信部成了 TIA 技术委员会下的 TIA(长途通信业协会)，在 TIA 成为单纯的公司时，它是通过 EIA 组织来进行标准制定活动的。在标准的整个文件中，这些组织称为 ANSI/TIA/EIA。并且 ANSI/TIA/EIA 每隔五年审查大部分标准。此时，根据提交的修改意见进行重新确认、修改或删除。

- 568-B Commercial Building Telecommunications Cabling Standard 商业建筑电信电缆标准
- 569 Commercial Building Standards for Telecommunications Pathways and Spaces 商业建筑电信通路和空间标准
- 570 Residential and Light Commercial Telecommunications Wiring Standard 住宅和小型商业建筑电信布线标准
- 606 The Administration Standard for the Telecommunications Infrastructure of Commercial Buildings 商业建筑电信基础结构管理标准
- 607 Commercial Building Grounding and Bonding Requirements for telecommunications 商业建筑电信接地和连接要求

制定标准的国际化组织简介(3)

- **ISO/IEC 11801 标准**

→ 定义与应用无关的开放系统

→ 定义有灵活性的电缆结构,使得更改方便和经济

→ 给建筑专业人员提供一个指南,确定在未知特定要求之前的电缆结构

→ 定义电缆系统支持当前应用以及未来产品的基础

ISO 和 IEC 组成了一个世界范围内的标准化专业机构。在信息技术领域中,ISO/IEC 设立了一个联合技术委员会,ISO/IEC JTC1。由联合技术委员会正式通过的国际标准草案分发给各国家团体进行投票表决,作为国际标准的正式出版要至少 75% 国家团体投票通过才有效。国际标准 ISO/IEC 11801 是由联合技术委员会 ISO/IEC JTC1 的 SC 25/WG 3 工作组在 1995 年制定发布的。这个标准把有关元器件和测试方法归入国际标准。目前该标准有三个版本:ISO/IEC 11801:1995、ISO/IEC 11801:2000、ISO/IEC 11801:2000+。

ISO/IEC 11801 定义的布线支持包括语音、数据、文字、图像和视频在内的广泛的业务。

制定标准的国际化组织简介(4)

- IEEE 网络标准
- 802.2 分会制定了一个以其命名的标准,802 下属委员会

→ 802.1　Management, Bridges
→ 802.2　LLC
→ 802.3　Similar to Ethernet
→ 802.4　Token passing bus (industrial)

→ 802.5　Token passing ring
→ 802.6　DQDB MAN FDDI
→ 802.9　Isochronous Ethernet
→ 802.10　Security
→ 802.11　Wireless LANs
→ 802.12　100Mbps LANs

多数网络应用都定义了物理层的规范,其中就有布线性能的要求。有时我们也需要参考应用中的需求来决定布线的性能是否够用。

重要的是网络应用对布线提出了更高的要求。自 Cat.5 以来,应用在推着布线走。由于网络应用的标准化组织(如 IEEE 或 ATM 论坛)从网络应用角度促进了布线系统的发展,这些网络应用的标准化组织为更高速的网络应用制定了标准。新技术的出现使得新的网络应用可以在 ACR 值小于零,即噪声大于信号的布线系统上运行。所以在过去的几年中,像 IEEE 这样的网络应用标准化组织与 TIA 标准化组织积极合作,并在相当程度上影响着布线系统新规范的制定。

IEEE802.1

IEEE 规范,它描述通过生成扩展树来阻止风桥回路的一种算法。该算法是由数字设备公司(Digital Equipment Corporation)发明的。Digital 算法和 IEEE802.1 算法并不完全相同,也不兼容。

IEEE802.12

IEEE LAN 标准,它确定物理层和数据链接层的 MAC 子层。IEEE802.12 以 100Mbps 的速率在许多物理介质上使用命令优先级介质访问方案。

IEEE802.2

IEEE LAN 协议,它规定数据链接层的 LLC 子层的实现。IEEE802.2 处理错误、组帧、流量控制和网络层(第三层)服务接口。它在 IEEE802.3 和 IEEE802.5 LAN 中使用。

四、测试标准的作用

- 确保电缆系统可以支持基于标准的应用
  → 未来的应用的开发大都基于结构标准
- 方便管理
  → 降低维护费用
- 满足未来的应用

布线标准确定了一个可以支持多品种、多厂家的商业建筑的综合布线系统，同时也提供了为商业服务的电信产品的设计方向。即使对随后安装的电信产品不甚了解，该标准也可帮您对产品进行设计和安装。在建筑建造和改造过程中进行布线系统的安装，比建筑落成后实施要大大节省人力、物力、财力。这个标准确定了各种各样布线系统配置的相关元器件的性能和技术标准。为达到一个多功能的布线系统，已对大多数电信业务的性能要求进行了审核。业务的多样化及新业务的不断出现会对所需性能作某些限制，用户为了了解这些限制应知道所需业务的标准。

五、我国现行的综合布线测试标准

- GB/T 50311—2000—《建筑与建筑群综合布线系统工程设计规范》
- GB/T 50312—2000—《建筑与建筑群综合布线系统工程验收规范》

与国际标准的发展相适应,我国的布线标准也在不断发展和健全中。综合布线作为一种新的技术和产品在我国得到广泛应用,我国有关行业和部门一直在不断消化和吸收国际标准,制定出符合中国国情的布线标准。这项工作从1993年开始着手进行,尚未有过中断。我国的布线标准有两大类,第一类是属于布线产品的标准,主要针对缆线和接插件提出要求,属于行业的推荐性标准。第二类是属于布线系统工程验收的标准,主要体现在工程的设计和验收两个方面。现已完成的《建筑与建筑群综合布线系统工程设计规范》和《建筑与建筑群综合布线系统工程验收规范》(2000年2月28日发布,2000年8月1日实施)将由国家技术监督局、信息产业部、建设部作为国标联合发布,这将对我国综合布线系统工程的标准化、规范化和布线市场的健康发展起到积极的作用。

第二章　双绞线电缆的现场测试

主要内容：

- 现场测试标准介绍
- 测试参数讲解

学习目标：

将理解测试标准中规定的各参数的意义以及各电缆系统的性能参数对数据传输质量的影响。

第一节　现场测试标准

主要内容：

- 局域网电缆类型
- 现场认证测试标准介绍

学习目标：

理解掌握现场认证测试标准。

一、一般常识——局域网电缆类型

- 非屏蔽双绞线(UTP)或屏蔽双绞线(STP/ScTP)

→ UTP/STP

TIA:Cat 3,4,5,Cat 5E,Cat 6,Cat 7

ISO:Class A,B,C,D,Class E,Class F

- 同轴线(Coax Cable)
- 光缆(Fiber-optic Cable)

→ Single mode(单模) and multi mode (多模)

标准认可的介质类型:

在水平系统中有两种电缆类型被认可和推荐,它们是:

- 非屏蔽 UTP/屏蔽 ScTP 4 对 100Ω 双绞线(ANSI/TIA/EIA-568-B.2)。
- 2 芯或多芯多模光纤,包括 62.5/125μm 和 50/125μm(ANSI/TIA/EIA-568-B.3)。
- 虽然 150Ω 屏蔽双绞线也成为认可的介质标准,但并不被新的电缆结构所推荐,并且有可能在下次修订中被取消。

基干电缆系统认可的电缆:

- 100Ω 双绞线(ANSI/TIA/EIA-568-B.2)。
- 62.5/125μm 和 50/125μm 的多模光纤(ANSI/TIA/EIA-568-B.3)。
- 单模光纤(ANSI/TIA/EIA-568-B.3)。

二、屏蔽双绞线 VS 非屏蔽双绞线

- 高质量但安装和维护复杂
- 屏蔽层的正确安装是非常重要的

→ 接地问题很重要

- 没有现场认证测试的方法

屏蔽双绞线可分为两种：ScTP 和 STP/FTP。ScTP 仅在 4 对线的最外层进行屏蔽，而 STP/FTP 在最外层进行屏蔽外，在每对线上都进行线对间屏蔽。虽然在大部分欧洲地区要求使用屏蔽电缆的主要目的是防止网络信号从电缆中泄漏出去，但是大多数人都认为屏蔽是为了阻止噪声信号进入电缆系统。使用屏蔽电缆是满足了这两种需求的好方法，然而也存在着一些潜在的问题。

屏蔽要全部可靠地封闭所有信号是绝对重要的。

一般来说，接地连接是考虑人身安全的原因。为了满足当前的安全需要，所有的设备必须有第三条线安全地与地连接。该问题就随之变成了屏蔽层与地的连接，如果你不想使电缆的屏蔽层形成一个大地环流的话，就要采取下面两种方法之一：

1. 在大地和屏蔽之间只允许单一的连接。

2. 确认在设备的接地连接和任何数据通讯系统的任何连接之间没有严重的势能电压。

三、现场认证测试标准一览

- TIA568—Cat3,4
- TIA568A TSB67—Cat5
- TSB95—Cat 5n(1000Base-T)
- TIA568-A-5-2000—Enhanced Cat 5
- TIA568-B
- ISO11801 Class C,D,E

综合布线系统的传输性能取决于电缆特性,连接硬件、软跳线、交叉连接线的质量,连接器的数量,以及安装和维护的水平即施工工艺。对于综合布线的验收测试是一项非常系统的工作,依据测试的阶段可以分为工前检测、随工检测、隐蔽工程签证和竣工检测。检测的内容涉及施工环境、材料质量、设备安装工艺、电缆的布放、线缆的终接、电气性能测试等诸多方面。而对于用户来说,最能反映工程质量的数据来自最终的电气性能测试。这样的测试能够通过链路的电气性能指标综合反映工程的施工质量,其中涵盖了产品质量、设计质量、施工质量、环境质量等等。

认证测试则完全满足上述的测试要求,即包括了连接性能测试和电气性能测试。这种测试方法是依照某一个公认的标准进行逐项的测试比较,以检验工程各方面的质量,确认安装的布线系统是否能达到设计要求,是否可以满足网络实际传输性能的要求。因此只有使用满足特定要求的测试仪器并按照相应的测试方法进行现场测试,所得到的测试结果才是正确有效的。

布线在最早的 TIA568 的标准中并没有涉及现场测试的问题,认为仅有连通性测试和直观目测就足够了,但随着五类线这种高带宽线缆的出现和网络应用带宽的飞速发展,人们发现现场得到的结果与实验室的结果有了很大的差别,因而 TIA568 标准对于链路的性能的规定已经不对现场实际性能有意义了。于是,标准的制定者们制定了新的补充技术规范使其符合现场测试的需要。

1. 现场认证测试标准——TSB-67

五类双绞线电缆系统的现场测试标准
- 独立于特定的网络
- 只适用于根据 EIA/TIA-568-A 中定义的“部件”组成的 UTP 电缆链路
- 定义安装后链路的性能现场测试指标

TSB-67 标准

由于所有的高速网络都支持五类非屏蔽双绞线(UTP),因此用户需要一个办法来确定自己的电缆系统是否满足五类双绞线规范。为了满足用户需求,美国通信工业协会 TIA 制定了 EIA/TIA568 布线标准和 TSB-67 测试标准。该标准于 1995 年 10 月正式颁布。它适用于已安装好的双绞线连接网络,并提供了一个“认证”非屏蔽双绞线电缆是否达到五类线要求的标准。一个符合 TSB-67 标准的非屏蔽双绞线网络不但满足当前计算机网络的信息传输要求,还能支持未来的高速网络的需要。

TSB-67 的主要内容有:

(1) 两种“连接”模型的定义。

(2) 要测试参数的定义。

(3) 为每一种连接模型及三类、四类和五类链路定义 Pass/Fall 测试极限。

(4) 减少测试报告项目。

(5) 现场测试仪的性能要求和如何验证这些要求的定义。

(6) 现场测试与试验室测试结果的比较方法。

两种连接模型分别是信道(Channel)和基本链路(Basic Link)。信道模型定义了包括端到端的传输要求,含用户末端设备电缆,最大长度是 100m。基本链路是指建筑物中的固定布线,即从电信间接线架到用户端的墙上信息插座的连线(不含两端的设备连线),最大长度是 90m。

2. 现场认证测试标准——TSB-95

- 五类 UTP 链路附加标准
- TSB-95 于 1999 年 10 月完成
- TIA/EIA TSB-95

→ 100Ω 4 对五类布线附加传输性能指南

TSB-95 提出了关于回波损耗和等效远端串扰(ELFEXT)的新的信道参数要求。这是为了保证在已经广泛安装的传统五类布线系统能支持千兆以太网传输而设立的参数。由于这个标准是作为指导性的 TSB(Technical Systems Bulletin 技术公告)投票的,所以它不是强制性标准。

一定要注意的是这个指导性的规范不要用来对新安装的五类布线系统进行测试,我们注意过,过去安装的五类布线系统即使能通过 TSB-95 的测试,但很多都通不过 TIA 568-A-5-2000 的这个增强五类即 Cat.5E 标准的检测。这是因为 Cat.5E 标准中的一些指标要比 TSB-95 严格得多。

3. 现场认证测试标准——TIA/EIA-568-A-5-2000

- 超五类 UTP 链路标准
- 2000 年 1 月 28 日分布,TIA-568-A-5-2000
- 100Ω 4 对增强五类布线传输性能规范

1998 年起在网络应用上开发成功了在 4 个非屏蔽双绞线线对间同时双向传输的编码系统和算法,这就是 IEEE 千兆以太网中的 1000Base-T。为此 IEEE 请求 TIA 对现有的五类指标加入一些参数以保证布线系统对这种双向传输的质量。TIA 接受了这个请求,并于 1999 年 11 月完成了这个项目。

与 TSB-95 不同的是这个文件的所有测试参数都是强制性的,而不是像 TSB-95 那样推荐性的。要注意的是这里的新的性能指标要比过去的五类系统严格的多。这个标准中也包括了对现场测试仪的精度要求,即:IIe 级精度的现场测试仪。

这里还要注意的是:由于在测试中经常出现回波损耗失败的情况,所以在这个标准中就引入了 3dB 的原则。

4. 现场认证测试标准——ANSI/TIA/EIA 568-B

- 名称“商业建筑通信电缆系统标准”

→ 通用通信接线系统以支持多种产品,不同厂家环境

- Defines 定义

新标准的内容包括了 3 个部分:

B.1 一般要求;

B.2 平衡双绞线布线系统;

B.3 光纤布线部件标准。

ANSI/TIA/EIA 568-B 全称为“商业建筑通信电缆系统标准”。

于 2001 年 4 月颁布而替代了早先的 ANSI/TIA/EIA 568-A 的标准版本。

作为标准,它定义了元件的性能指标(级别)、电缆系统设计结构的规定、安装指南和规定、安装链路的性能指标等等。

例如:

- 最小弯曲半径

对于 4 对 UTP 电缆,在无负载的条件下,最小弯曲半径应是电缆直径的 4 倍。

对于 4 对 SCTP 电缆,在无负载的条件下,最小弯曲半径应是电缆直径的 8 倍。

对于多线对基干电缆,最小弯曲半径应是电缆直径的 10 倍。

对于跳线的弯曲半径,标准留有空白,还有待进一步研究。

- 最大拉力

对于 4 对 UTP 电缆的最大拉力是 11N(25 磅力)。

对于多线对基干电缆,应执行制造商的拉伸力指南。

4.1 ANSI/TIA/EIA 568-B.1

- 568-B.1:电缆系统一般要求
- 在标准的这一部分中,包含了通信布线系统的设计原理,安装方法和现场测试的内容。

ANSI/TIA/EIA 568-B.1 一般要求:这个标准着重于水平和主干布线拓扑、距离、介质选择、工作区连接、开放办公布线、电信与设备间、安装方案,以及现场测试等内容。它集合了 TIA/EIA TSB67,TIA/EIA TSB72,TIA/EIA TSB75,TIA/EIA TSB95,ANSI/TIA/EIA-568-A-2,A-3,A-5,TIA/EIA/IS-729 等标准中的内容。

注意:这个标准以永久链路(permanent link)定义并取代了基本链路的定义(basic link)

4.2 ANSI/TIA/EIA 568-B.2

- 568-B.2:平衡双绞线布线系统标准
- 在标准的这一部分中,包含了元器件规范,传输性能,系统模型以及可靠性测试规范。

ANSI/TIA/EIA 568-B.2 平衡双绞线布线系统:这个标准着重于平衡双绞线电缆、跳线、连接硬件(包括 ScTP 和 150Ω 的 STP-A 器件)的电气和机械性能规范,以及器件可靠性测试规范,现场测试仪性能规范,实验室与现场测试仪比对方法等内容。它集合了 ANSI/TIA/EIA-568-A-1 和部分 ANSI/TIA/EIA-568-A-2, ANSI/TIA/EIA-568-A-3, ANSI/TIA/EIA-568-A-4, ANSI/TIA/EIA-568-A-5, ISO729, TSB95 中的内容。

ANSI/TIA/EIA 568-B.2.1: ANSI/TIA/EIA 568-B.2 的增编,虽然 ANSI/TIA/EIA 568-B.2 还处在草案阶段,就有了增编会让人们很困惑,但它是为了将目前的六类问题单独地拿出来对待,也是由于六类的标准还有很多的工作要做。

ANSI/TIA/EIA 568-B.2-1

Cabling Standards

cat 6

2002 年 6 月 17 日 TIA 6 类标准正式颁布并归入了 ANSI/TIA/EIA 568-B.2-1 中

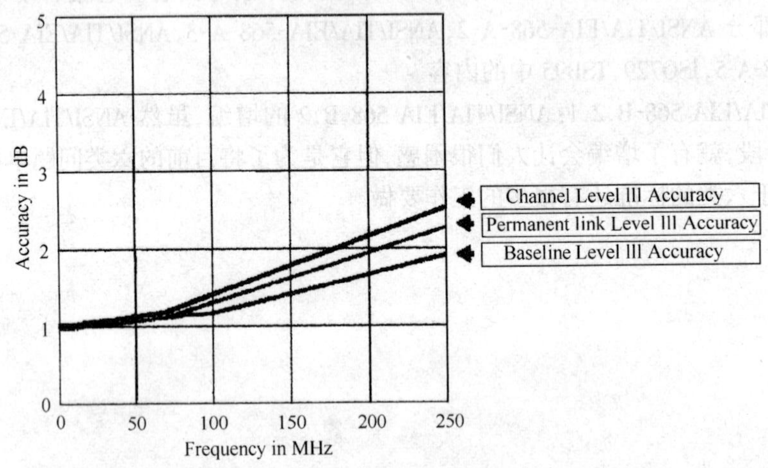

Figure 1: Insertion loss(attenuation) measurement accuracy

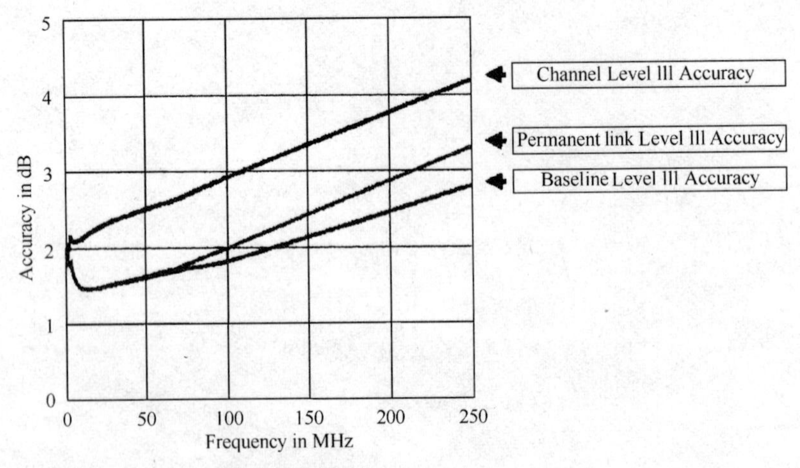

Figure 2: NEXT loss measurement accuracy

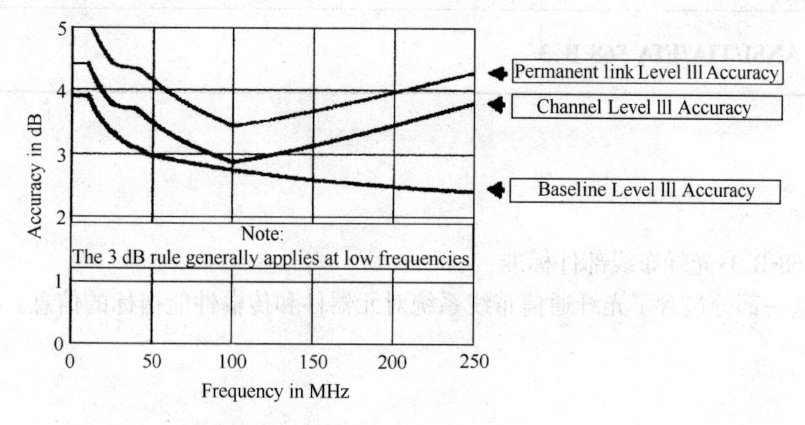

Figure 3: Return loss measurement accuracy

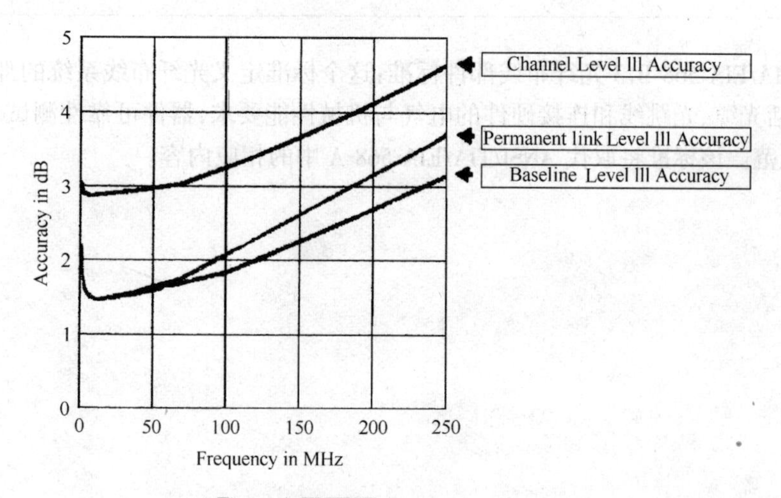

Figure 4: ELFEXT measurement accuracy

	Cat 5 100m	Cat 5E 100m	Cat 6 250m	Class D	Class E
Wire Map(接线图)	★	★	★	★	★
Length(长度)	★	★	★	★	★
Attenuation(衰减)	★	★	★	★	★
NEXT(近端串扰)	★	★	★	★	★
ACR(衰减串扰比)				★	★
PS ACR(综合衰减串扰比)				★	★
PS NEXT(综合近端串扰)		★	★	★	★
Return Loss(回波损耗)		★	★	★	★
ELFEXT(等效远端串扰)		★	★	★	★
PS ELFEXT(综合等效远端串扰)		★	★	★	★
Propagation Delay(传输时延)	★	★	★	★	★
Delay Skew(时延差)	★	★	★	★	★
DC Loop Resistance(直流电阻)				★	★

4.3 ANSI/TIA/EIA 568-B.3

- 568-B.3:光纤布线部件标准
- 这一部分包含了光纤通信布线系统对元器件和传输性能指标的信息。

ANSI/TIA/EIA 568-B.3 光纤布线部件标准:这个标准定义光纤布线系统的部件和传输性能指标,包括光缆、光跳线和连接硬件的电气与机械性能要求,器件可靠性测试规范,现场测试仪性能规范。该标准将取代 ANSI/TIA/EIA-568-A 中的相应内容。

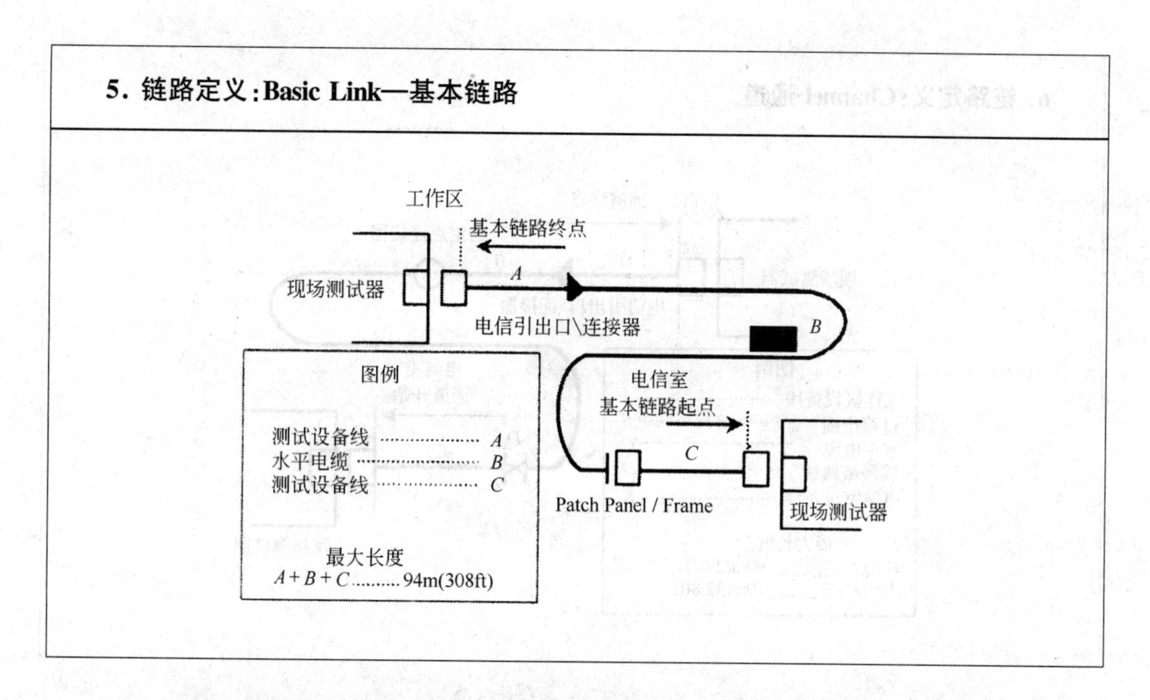

基本链路的意图是由系统设计人员和数据通信系统的用户用于检验已永久地安装的布线性能。一个基本链路包括 90m 的水平布线,两端的连接器,从现场测试仪主单元和远端到本地连接的两根 2m 的测试设备连线,所以基本链路的测试长度不应超过 94m。在新的 ANSI/TIA/EIA 568-B 的标准中,该模型已被永久链路模型(Permanent Link)取代。

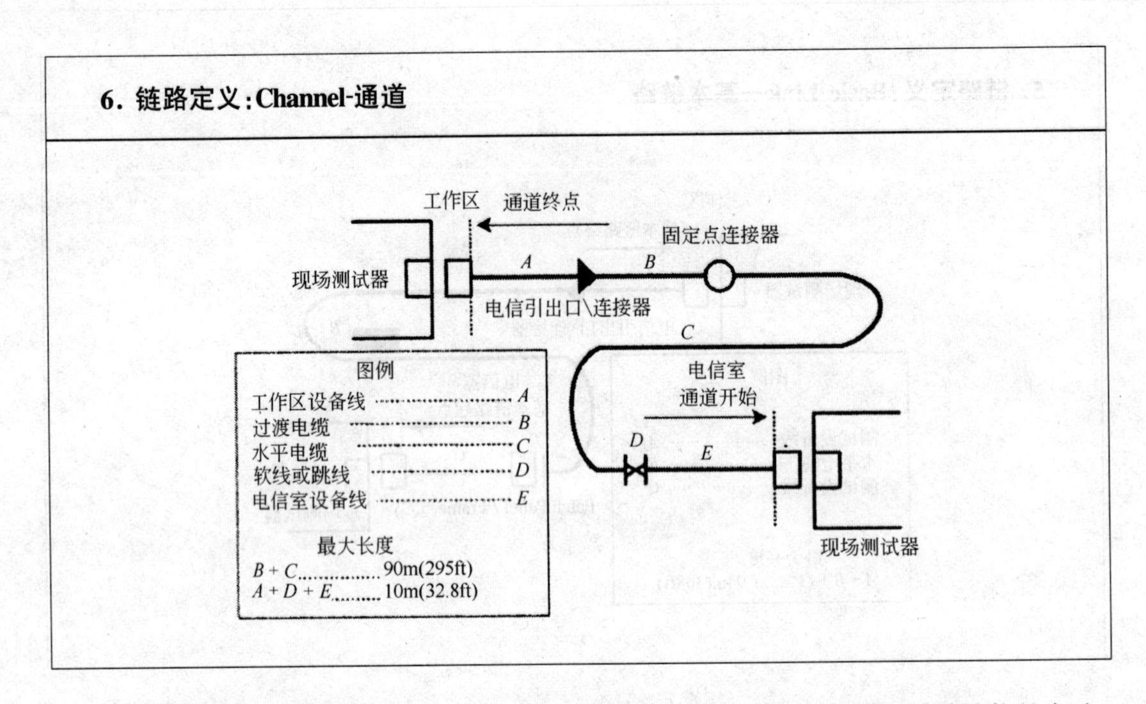

通道测试模型为系统设计人员和数据通信系统用户提供了检验整个通道性能的方法。通道由 90m 水平电缆、工作区设备跳线、信息插座、固定点连接器和电信间中的两个接头组成。设备跳线、工作区跳线、插接软线的总长度不超过 10m,通道的总测试长度不能超过 100m。

7. 链路定义：Permanent-永久链路

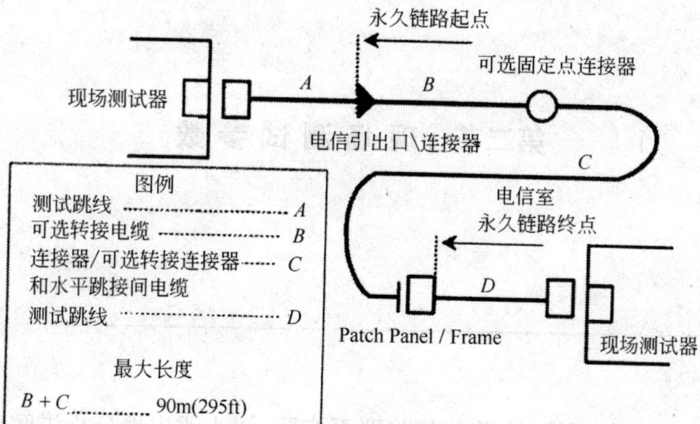

永久链路起点

可选固定点连接器

现场测试器

A

B

电信引出口\连接器

C

电信室

永久链路终点

D

Patch Panel / Frame

现场测试器

图例

测试跳线 ………………………… A

可选转接电缆 ………………………… B

连接器/可选转接连接器 …… C

和水平跳接间电缆

测试跳线 ………………………… D

最大长度

B + C…………… 90m(295ft)

永久链路测试模型为系统设计人员和数据通信系统用户提供了检验永久安装电缆的性能的方法。永久链路由 90m 水平电缆和 1 个接头，必要时再加 1 个可选的固定点连接器组成。永久链路不包括现场测试仪跳线和插头。永久链路的总测试长度不能超过 90m。

第二节 现场测试参数

学习内容:

为帮助读者快速理解标准,本节我们将联系实际,深入浅出地分析讲解现场测试中涉及的各项性能参数:

- Wire Map 接线图(开路/短路/错对/串绕)
- Length 长度
- Attenuation 衰减
- NEXT 近端串扰
- Return Loss 回波损耗
- ACR 衰减串扰比
- Propagation Delay 传输时延
- Delay Skew 时延差
- PS NEXT 综合近端串扰
- EL FEXT 等效远端串扰
- PS ELFEXT 综合等效远端串扰

学习目标:

经过本节学习,读者应当能够理解各参数的意义、重要性以及对网络带来的影响。

一、Cat 5 现场测试的参数

- Wire Map——接线图(开路/短路/错对/串绕)
- Length——长度
- Attenuation——衰减
- NEXT——近端串扰
- ACR——衰减串扰比(ISO11801)
- Return Loss——回波损耗(ISO11801)

对于五类现场测试,如果选择 TIA 的标准则有四项基本的参数,分别是接线图、长度、衰减和近端串扰;如果选择 ISO 的标准就会在此基础上增加衰减串扰比和回波损耗两项参数。而且两种标准在相同的测试参数上的要求不同,TIA 的规定要严于 ISO 的规定。

二、Cat 5E 现场测试的参数

- Wire Map——接线图(开路/短路/错对/串绕)
- Length——长度
- Attenuation——衰减
- NEXT——近端串扰
- Return Loss——回波损耗(ISO11801)
- ACR——衰减串扰比(ISO11801)
- Propagation Delay——传输时延
- Delay Skew——时延差
- PS NEXT——综合近端串扰
- EL FEXT——等效近端串扰
- PS ELFEXT——综合等效远端串扰

超五类的测试标准源于千兆网在铜制双绞线上稳定运行的要求,所以超五类所要求的参数很大程度上考虑了全双工的影响和多线对同时传输的影响。从测试的时间和数据存储容量看,超五类的测试时间和所需容量都超过了五类测试所需的两倍以上。

三、接线图(Wire Map)

- 端端连通性
- 开路
- 短路
- 错对
- 反接
- 串绕(Split pairs)
- 其他…

接线图的测试主要是验证针针的连通性和检查安装连接的错误。对于 8 芯电缆,接线图的内容包括:

- 对远端的连续性
- 2 芯或以上发生短路
- 反接线对
- 交叉线对
- 串绕
- 其他接线错误

a 正确线对图	*b* 反接线对	*c* 跨接线对	*d* 串绕线对
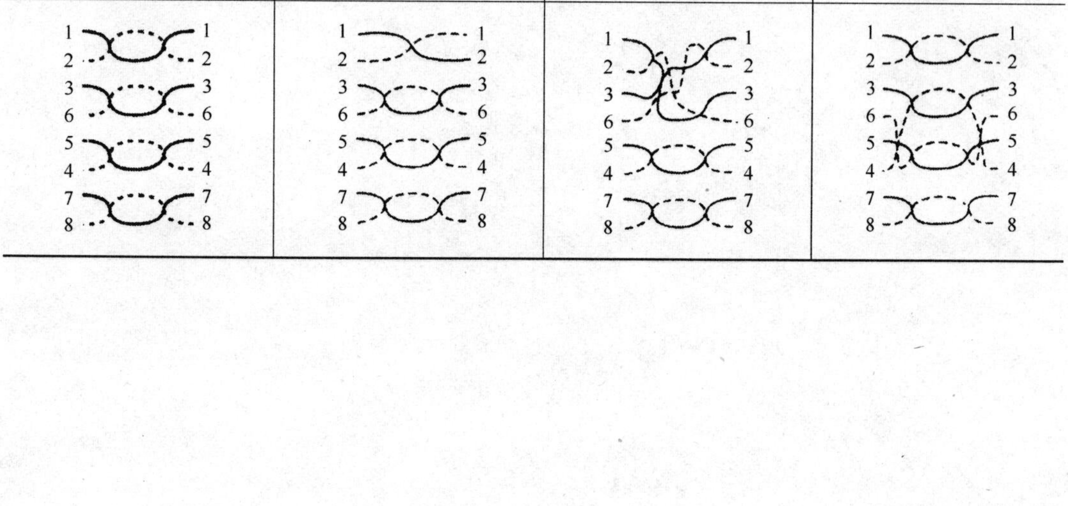 1 2 3 6 5 4 7 8	1 2 3 6 5 4 7 8	1 2 3 6 5 4 7 8	1 2 3 6 5 4 7 8

1. 正确接线

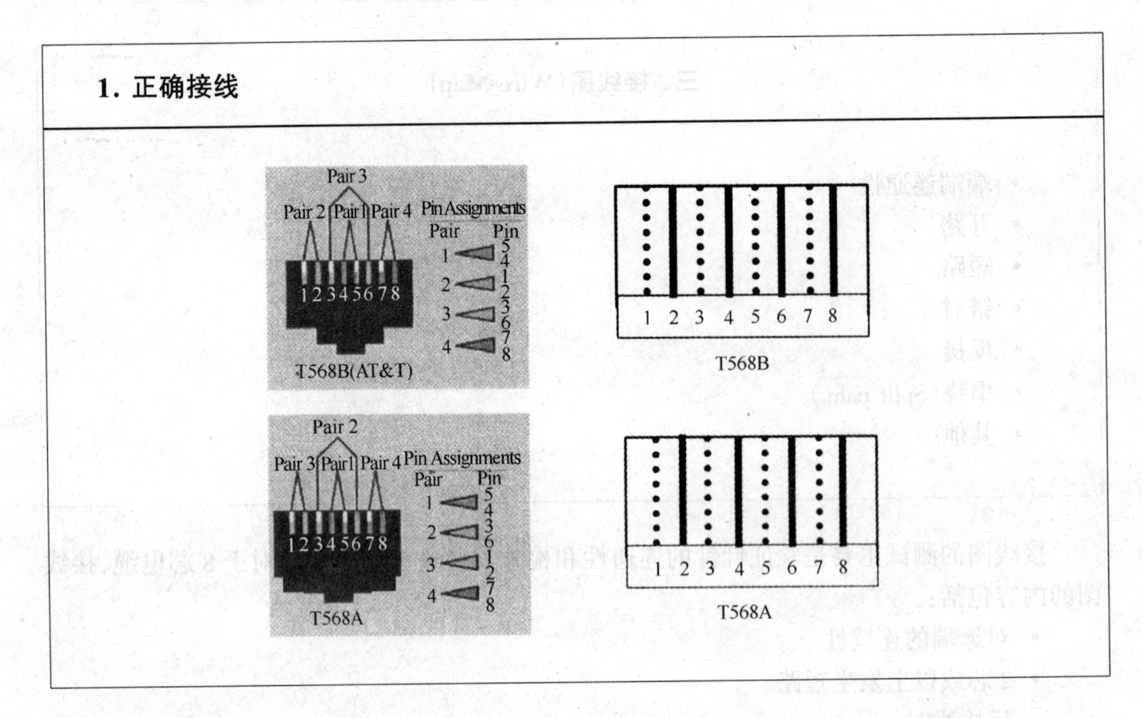

正确的电信引出口/连接器的线序在 ANSI/EIA/TIA-568-B.2 中作了定义。美国联邦政府出版物 FIPS PUB 174 仅认可 T568A 的名称。但必要时可按照 T568B 的方法装配 8 芯电缆系统。

T568A 和 T568B 是标准中所规定的两种线序，不要同标准 TIA-568-A 和 TIA-568-B 混淆起来。而且，同一个工程要求使用单一接线标准，而不能混用。

2. 错误接线(1)

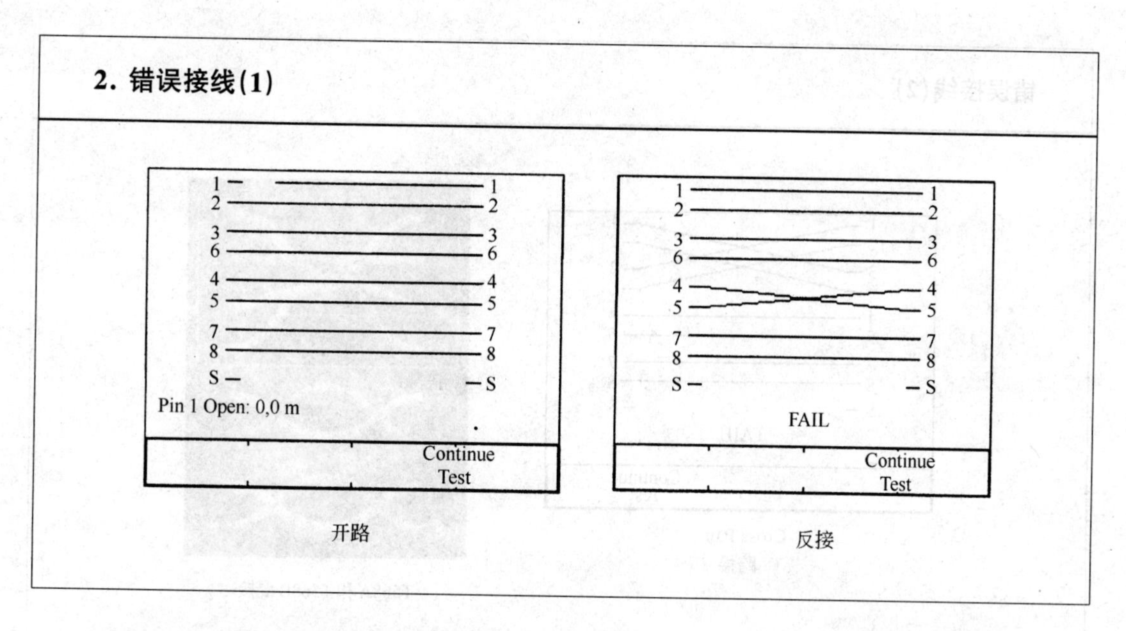

开路　　　　反接

以上是 DSP 系列电缆测试仪显示的接线图错误。

反接:如果链路一端的一个线对的极性颠倒时即产生反接线对。如线对一端为 4&5,另一端为 5&4。

任何电缆的接头处都可能发生反接的错误,而发生在配线架上最为普遍。

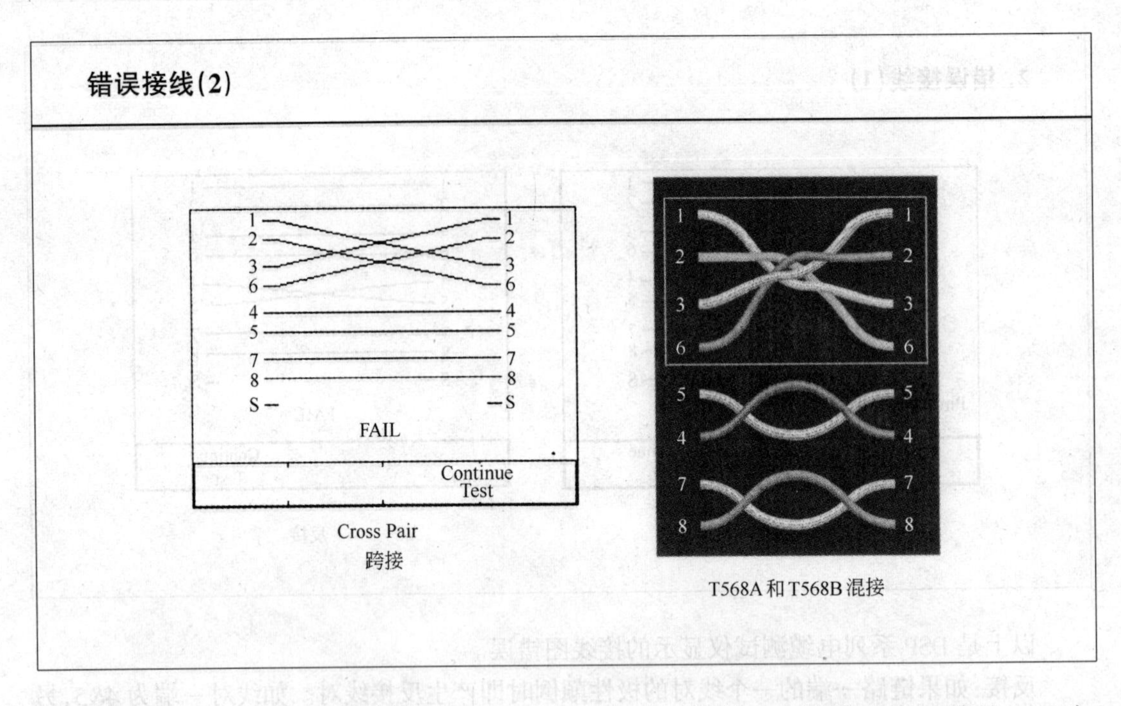

Cross Pair
跨接

T568A 和 T568B 混接

跨接是指 A 端的 1,2 对接在了 B 端的 3,6 对,而 A 端的 3,6 对接在了 B 端的 1,2 对。实际上是端接的两端一端使用了 T568A 的接线方法而另一端使用了 T568B 的接线方法。这种接法一般用在网络设备之间的级联上和两台电脑的互连上。因为这样的线序可以从物理上把发送的数据直接发送到远端的接收线对上。

错误接线(3)

- 由于使用不同线对错接造成,即从不同线对中组合新的线对,典型例子是直接排线对
- 结果是引起极大串扰(NEXT)
- 能通过连通性测试

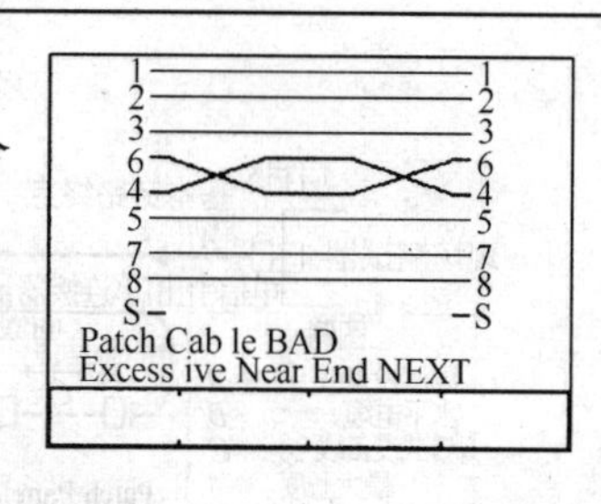

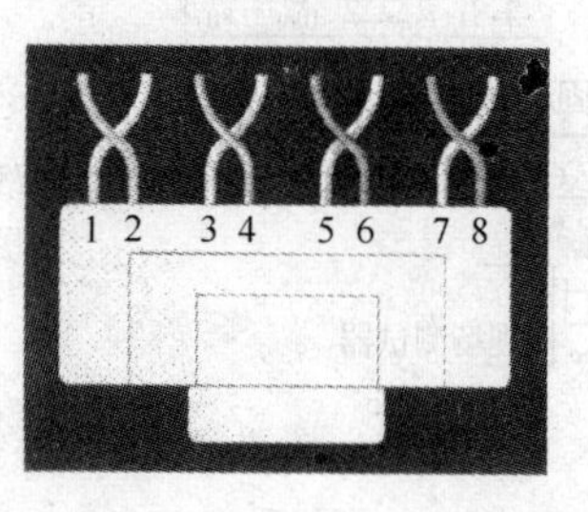

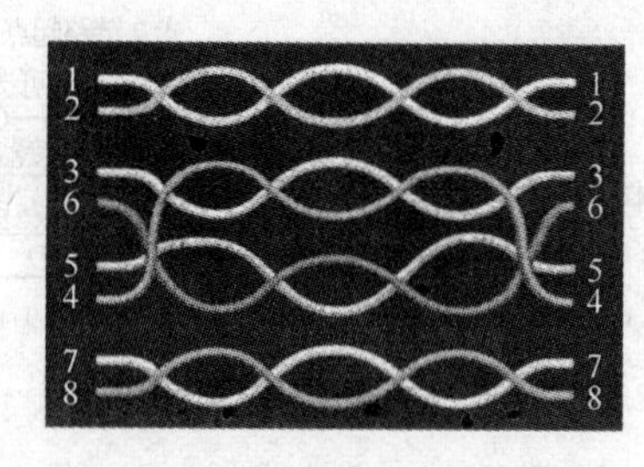

Split

Pairs

串绕

串绕:所谓串绕就是虽然保持管脚到管脚的连通性,但实际上两对物理线对被拆开后又重新组成新的线对。由于相关的线对没有绞结,信号通过时线对间会产生很高的串扰信号,如果超过一定限度就会影响正常信息的传输。串绕线对在布线系统的安装过程中是经常出现的,最典型的就是布线施工人员不清楚接线的标准,想当然地按照 1&2、3&4、5&6、7&8 的线对关系进行接线造成串绕线对,见上图。

使用简单的通断测试仪器是无法发现此类接线故障的,只有专用的电缆认证测试仪才能检查出来。简单的或廉价的接线图测试仪不能完成串绕的测试,它需要测量信号的耦合或在线对间测量串绕。

四、长度(Length)

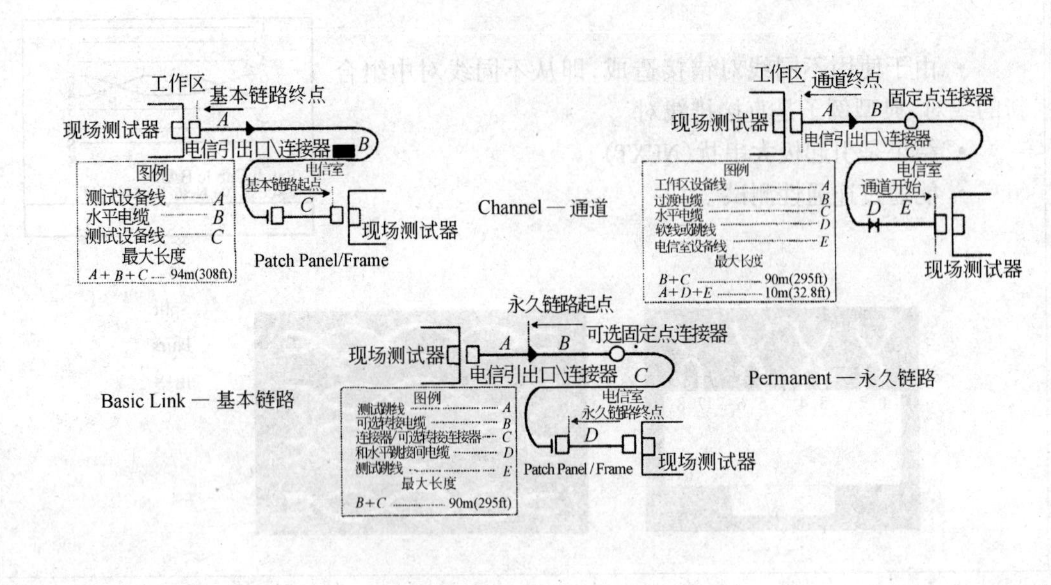

Basic Link — 基本链路

Channel — 通道

Permanent — 永久链路

不同的链路模型定义的链路长度不同:

Basic Link——基本链路:94m

Channel——通道:100m

Permanent——永久链路:90m

1. 长度测量和阻抗检查

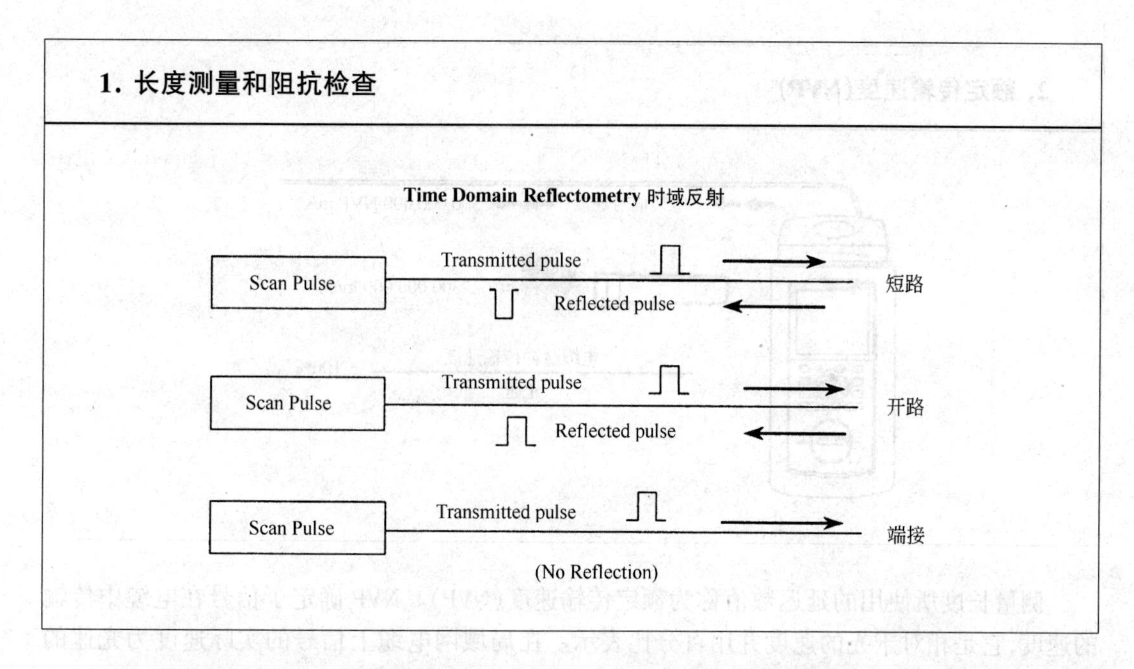

时域反射是用来测试链路的长度以及确定链路故障的。测试仪进行 TDR 测量时，它向一对线发送一个脉冲信号，并且测量同一对线上信号返回的总时间，用纳秒(ns)表示。如果反射回来的信号大于预定的门限，测试仪将计算并显示反射源的距离。这些小的反射称为异常，而短路和开路为阻抗异常的极端表现形式。

2. 额定传输速度(NVP)

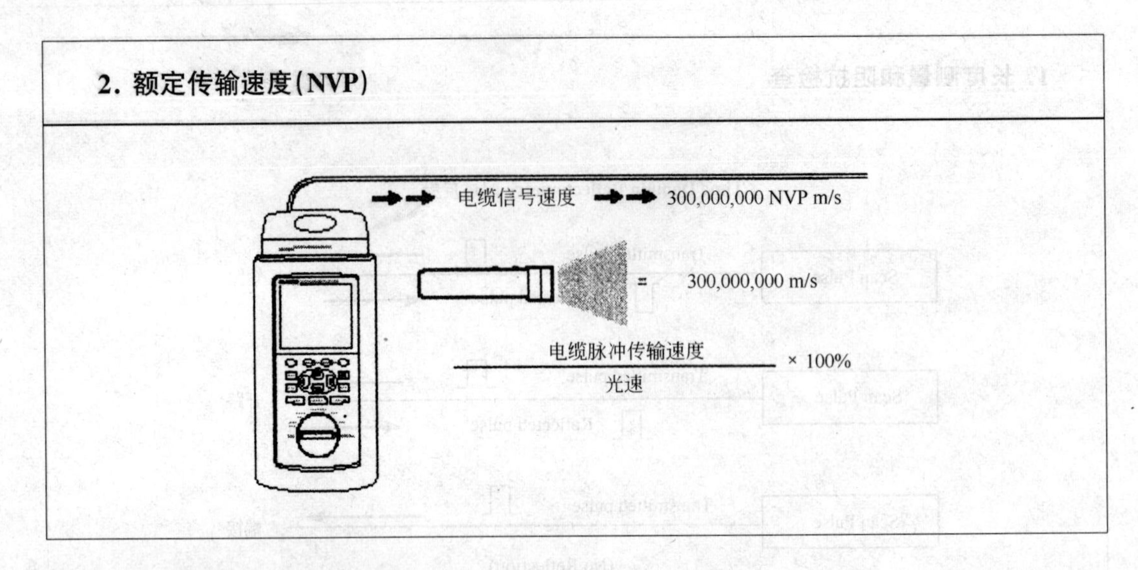

测量长度所使用的延迟数值称为额定传输速度(NVP)。NVP 确定了信号在电缆中传输的速度,它是相对于光的速度并用百分比表示。在局域网电缆上信号的实际速度为光速的 60% ~ 80%之间。

NVP 值会随着电缆批次的不同而微有差别,电缆的 NVP 值的选择可以从电缆生产厂所公布的规格中获得。NVP 的准确程度将决定电缆长度的准确度。

3. 长度测量的报告

- 链路长度的测量

→ 包括两端的测试接线

→ 长度为绕线的长度(并非物理距离)

→ 线对之间长度可能有细微差别(对绞绞距不同)

- 测试限

→ 允许的最大长度加 10%

→ 计算最短的电气时延

- 长度的标准为 100m(端至端)

→ 不要安装超过 100m 的站点

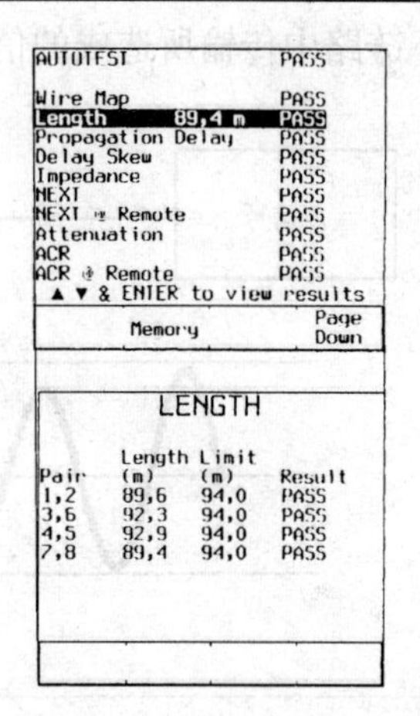

长度的测试是通过脉冲电信号在铜介质中传输来测得的。通过传输时延与额定传输速度的乘积来计算出长度。可想而知,因为每对线对的绞结距不一样,故测出的每线对的长度也会有所不同。

在从电气长度中确定实际长度时,使用具有最短电气延迟的线对来计算链路的实际长度,并用于做出合格和不合格的决定。合格与否的标准是以链路模型的最大长度加上 10% 的不确定性为基础的。

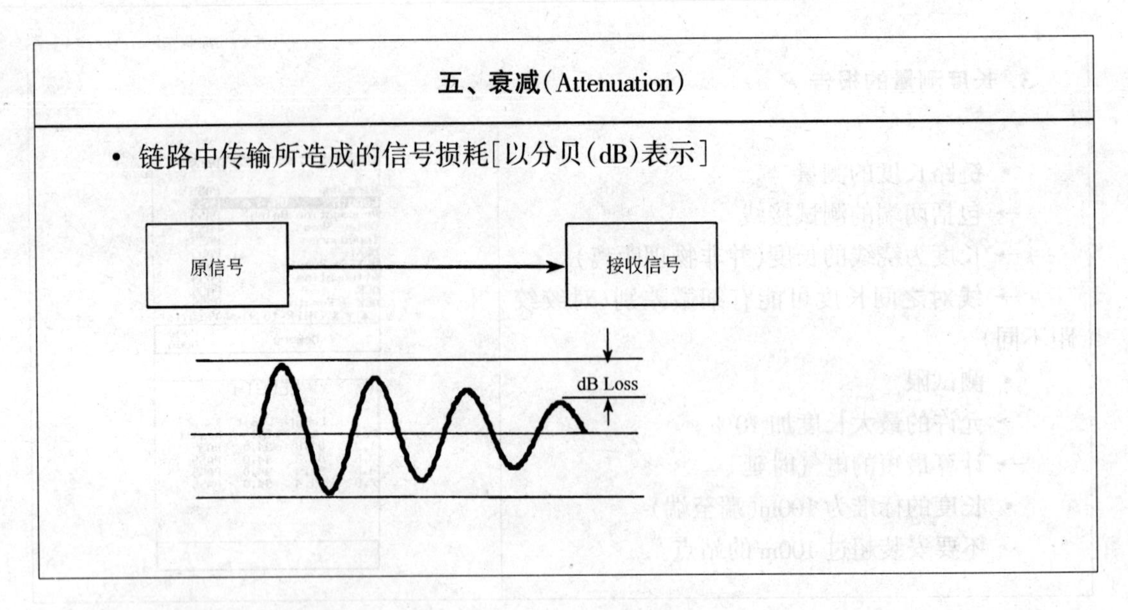

衰减是链路中信号损耗的尺度，根据允许的最大衰减量，可确定链路范围内所有线对的最坏情况衰减量。

通道衰减为下列三项的总和：

• 四部分连接硬件的衰减。

• 20℃时线型为 24AWG UTP/ScTP 的 10m 的软线和设备接线或线型为 26AWG UTP/ScTP 的 8m 的软线和设备接线的衰减。

• 20℃时 90m 电缆段的损耗。

永久链路衰减为下列二项的总和：

• 三部分连接硬件的衰减。

• 20℃时 90m 电缆段的损耗。

测试结果以分贝(dB)表示。dB = 20 × log(输出电压/输入电压)。从理论上说，信号的减弱总是个负值。当描述衰减的数值或链路的损耗时，电缆专业人员去掉了负号。

衰减(Attenuation)	
• 原因 → 电缆材料的电气特性和结构 → 不恰当的端接 → 阻抗不匹配的反射 • 影响 → 过量衰减会使电缆链路传输数据不可靠	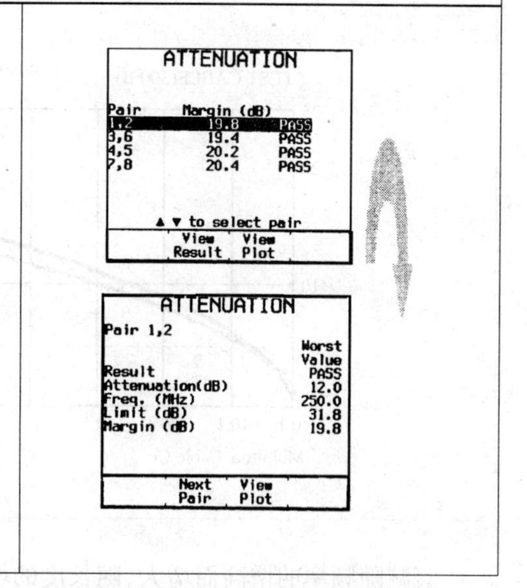

注意:在现场测试仪器所关注的标准中 Cat5E1.0MHz 的标准值为 3dB,而不是下表中所标注的。原因请关注 3dB 原则。

20℃ 通 道 衰 减			20℃永久链路衰减		
Freq	Catagory3	Category 5E	Freq	Catagory3	Category 5E
MHz	dB	dB	MHz	dB	dB
1.0	4.2	2.2	1.0	3.5	2.1
4.0	7.3	4.5	4.0	6.2	3.9
8.0	10.2	6.3	8.0	8.9	5.5
10.0	11.5	7.1	10.0	9.9	6.2
16.0	14.9	9.1	16.0	13.0	7.9
20.0	—	10.2	20.0	—	8.9
25.0	—	11.4	25.0	—	10.0
31.25	—	12.9	31.25	—	11.2
62.5	—	18.6	62.5	—	16.2
100.0	—	24.0	100.0	—	21.0

衰减是频率的函数

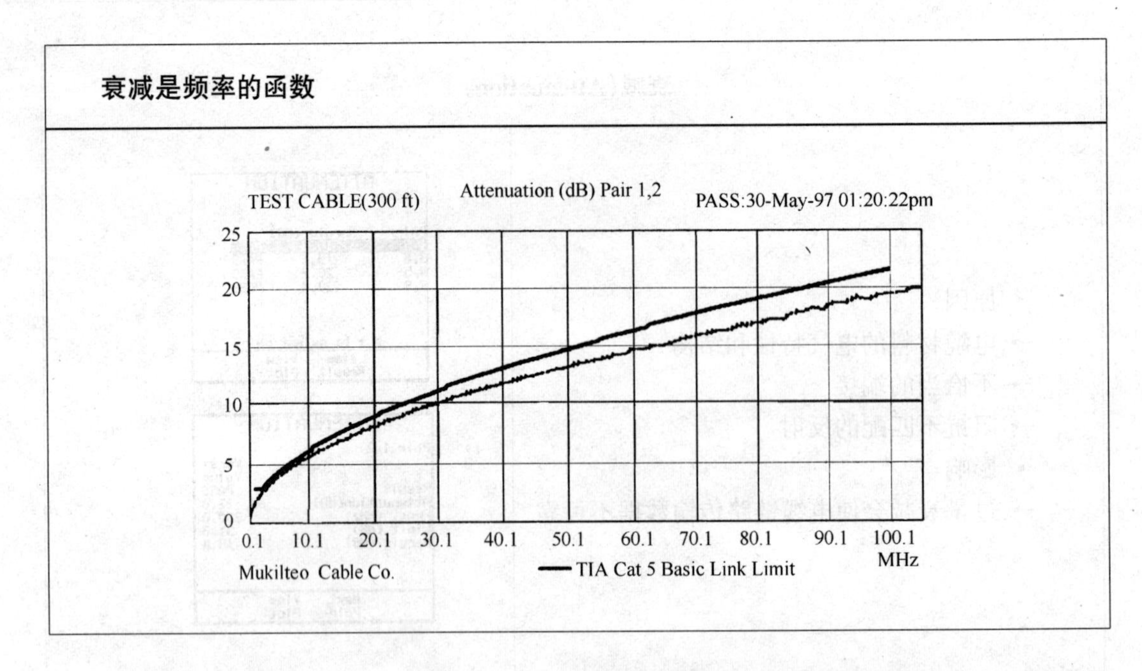

衰减随频率的增高而增大,随长度的增大而增高,也随温度升高而增长。对于三类电缆用户可以使用每摄氏度 1.5%系数(以 20℃为基准),超五类电缆使用每摄氏度 0.4%的系数的衰减量。标准在 ANSI/TIA/EIA-568-B.2 中规定了温度系数和最高温度。

六、串扰(NEXT、PSNEXT、FEXT)

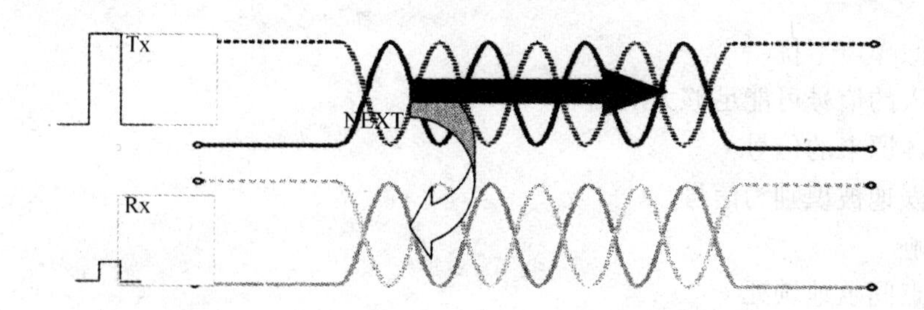

- NEXT 是测量来自其他线对泄漏过来的信号
- NEXT 是在信号发送端(近端)进行测量

近端串扰在标准中也叫线对-线对 NEXT 损耗(Pair-Pair NEXT Loss):

它是指在 100Ω 双绞线中一个线对到另一个线对的信号耦合尺度,并且可以从扫频/分频或等量电压测量的方法得出。近端串扰可以根据 ASTMD 4566 和 ANSI/TIA/EIA-568-B.2 的附件 D 测量。

1. 近端串扰的影响

- 类似噪声干扰
- 引入的信号可能足够大从而
  → 破坏原来的信号
  → 错误地被识别为信号
- 影响
  → 站点间歇地锁死
  → 网络的连接完全失败

NEXT(Near End Crosstalk)是UTP链路的一个关键的性能参数,也是最难以精确测量的参数。因为NEXT需要在UTP链路的所有线对之间进行测试以及从链路的两端进行,这相当于12对电缆线对组合的测量。串扰可以通过电缆的绞结被最大限度的减少,这样信号耦合是“互相抑制”的。当安装链路出现错误时,可能会破坏这种“互相抑制”而产生过大的串扰。串绕就是一种典型的情况。串绕是用两个不同的线对重新组成新的发送或接收线对而破坏了绞结所具有的消除串扰的作用。对于10M的网络传输来说,如果距离不很长,串绕的影响并不明显,有时甚至会觉得网络运行完全正常,但对于100M的网络传输,串绕的存在是致命的。不信的话,你可以试试下面的线对顺序:白橙、橙、白绿、绿、白蓝、蓝、白棕、棕,在这样的接线情况下,运行100Base-TX会有极大的网络碰撞和FCS帧校验错出现,从而对网络的传输能力产生严重的影响,甚至会造成网络的瘫痪。

2. 线对之间的 NEXT 测量

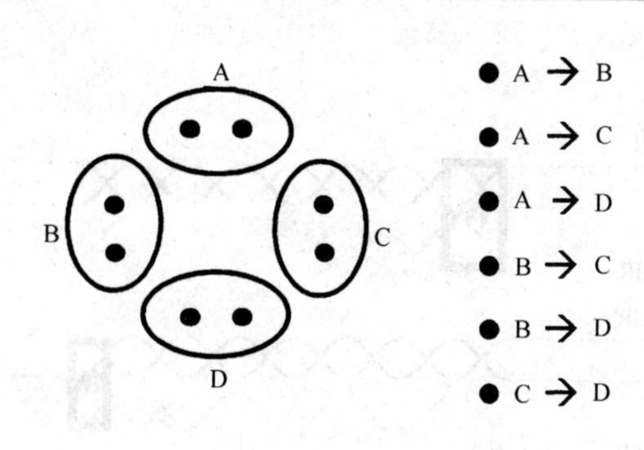

NEXT 需要在 UTP 链路的所有线对之间进行测试，测试的排列为：

1,2——3,6;1,2——4,5;1,2——7,8;3,6——4,5;3,6——7,8;4,5——7,8。其中横线左边的数字表示干扰信号线对，横线右边的数字表示被干扰线对。同样远端的近端串扰也是六组测试。

	主机结果						远端结果					
	最差余量			最差值			最差余量			最差值		
线对	结果(dB)	频率(MHz)	极限值(dB)	结果(dB)	频率(MHz)	极限值(dB)	结果(dB)	频率(MHz)	极限值(dB)	结果(dB)	频率(MHz)	极限值(dB)
NEXT												
12-36	63.4	13.0	56.1	43.8	222.5	36.1	67.0	12.1	56.6	49.0	228.5	36.0
12-45	60.6	28.8	50.6	47.1	242.0	35.5	66.6	12.9	56.1	50.2	159.0	38.6
12-78	59.1	45.6	47.4	53.4	217.0	36.3	58.2	45.6	47.4	52.6	244.5	35.5
36-45	44.9	227.0	36.0	44.9	227.0	36.0	43.2	242.0	35.5	43.2	242.0	35.5
36-78	53.9	59.4	45.5	46.6	223.5	36.1	46.2	205.5	36.8	46.0	219.5	36.2
45-78	57.1	70.2	44.4	49.8	227.5	36.0	46.8	225.0	36.1	46.8	225.0	36.1

3. NEXT 必须进行双向测量

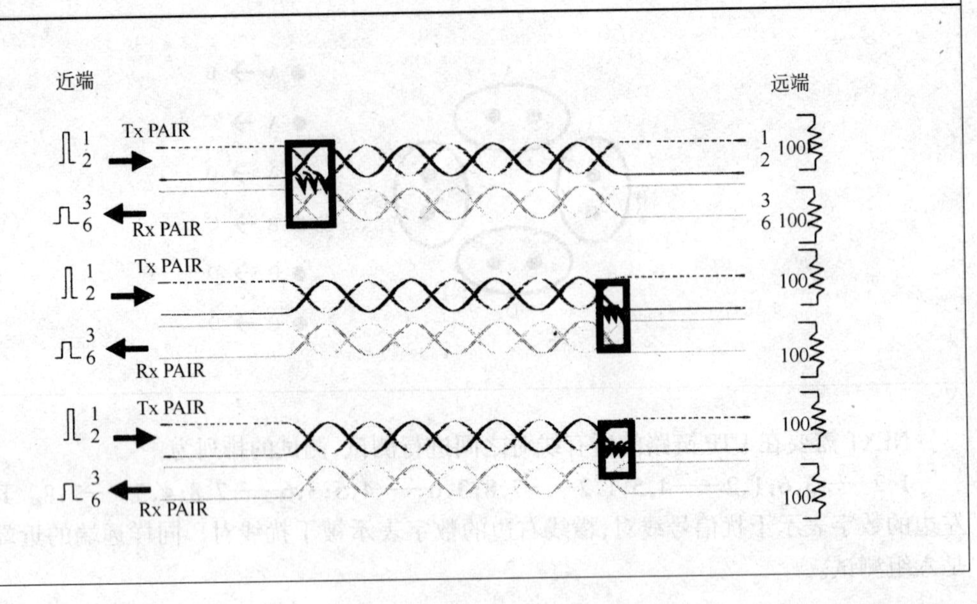

NEXT 的测试需要在每一对导线之间进行，对于 4 对线 UTP 电缆来说要有 6 组线对组合关系，即测试 6 次。而 ANSI/TIA/EIA-568-B.2 标准要求 NEXT 必须进行双向测试。这是因为当 NEXT 发生在距离测试端较远的远端时，尤其当链路长度超过 40m 时，该串扰信号经过电缆的衰减到达测试点时，其影响可能已经很小，无法被测试仪器测量到而忽略该问题点的存在。因此对 NEXT 的测试要在链路两端各进行一次，即总共需要测试 12 次。另外在链路两端测量到的 NEXT 值有可能是不一样的。

4. NEXT 测试结果

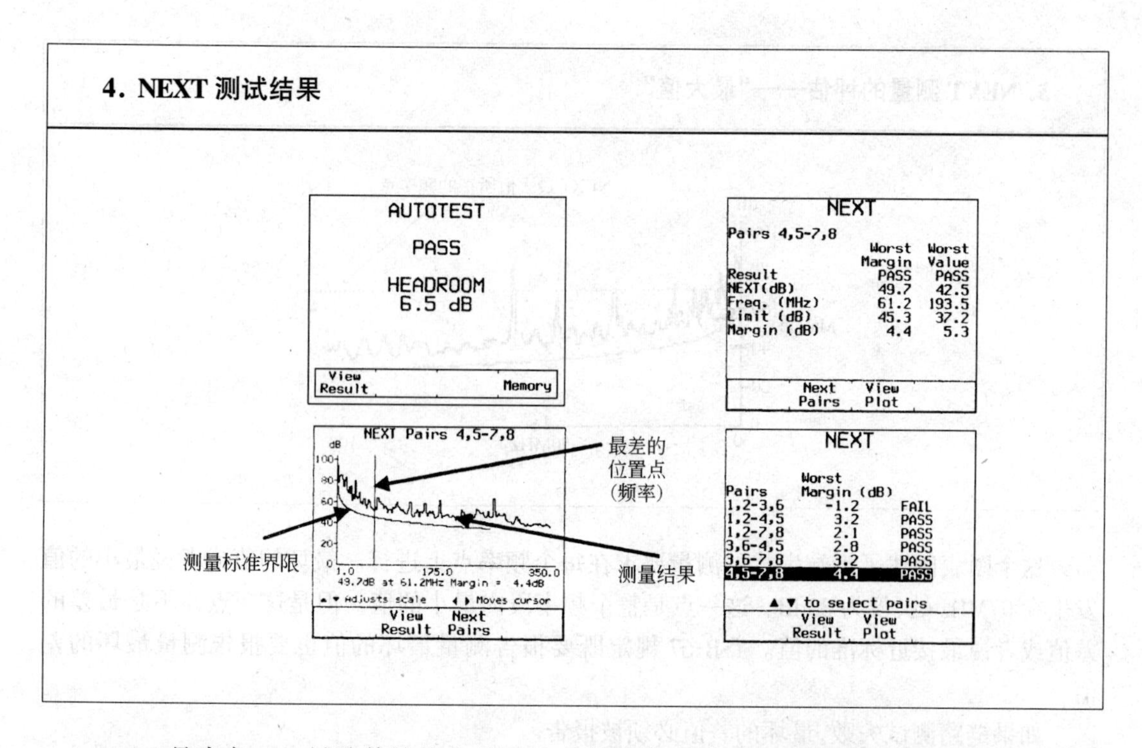

NEXT 是决定 UTP 链路传输能力的一个关键性参数，它是随着信号频率的增加而增大的，超过一定的限制就会对传输的数据产生破坏作用。如上图所示，显示了 NEXT 与频率的关系。从图中可以看出，NEXT 曲线呈不规则形状，必须参照电缆带宽频率范围测试很多点，否则很容易漏掉某些最差点。因此 ANSI/TIA/EIA-568-B.2 标准要求 NEXT 测试要在整个电缆带宽范围内进行。下表显示出频带内一些特定频率上通道和永久链路最坏线对-线对 NEXT 损耗数值。这些数值可由下列的方程式分别确定：

标准参考值

通道近端串绕			永久链路近端串绕		
Freq MHz	Cat 3 dB	Cat 5E dB	Freq MHz	Cat 3 dB	Cat 5E dB
1.0	39.1	>60	1.0	40.1	>60
4.0	29.3	53.5	4.0	30.7	54.8
8.0	24.3	48.6	8.0	25.9	50.0
10.0	22.7	47.0	10.0	24.3	48.5
16.0	19.3	43.6	16.0	21.0	45.2
20.0	—	42.0	20.0	—	43.7
25.0	—	40.3	25.0	—	42.1
31.25	—	38.7	31.25	—	40.5
62.5	—	33.6	62.5	—	35.7
100.0	—	30.1	100.0	—	32.3

5. NEXT 测量的评估——“最大值”

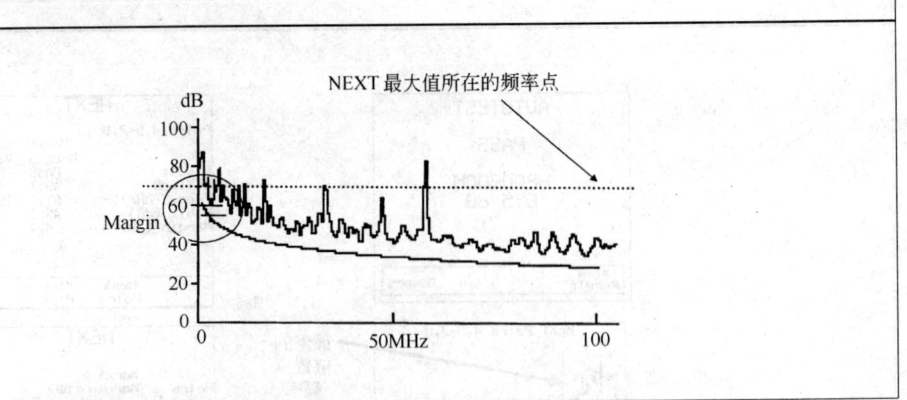

这个图表阐述了近端串扰的测量要求在每个频率点上进行。最坏的值或者说最小的值发生在 97MHz 处，仅为 33dB。这一点是整个频率段内最小的值。但是这一点并不是最差的差值或者说最接近标准的值。TSB-67 规定既要报告测量最坏的值也要报告测量最坏的差值。

如果链路测试失败，最坏的差值必须被报告。

Margin 是 TIA 标准所规定的极限值与测量值差的结果。

最坏的情况是整个频率段中差值最小的地方。

我们将最坏的情况的值作为衡量一条链路性能好坏的指标。而劣质的工艺将很大程度影响近端串扰的性能。

衰减的好坏和链路的长度成正比，但近端串扰和长度没有什么关系。

6. 综合近端串扰(Power Sum)

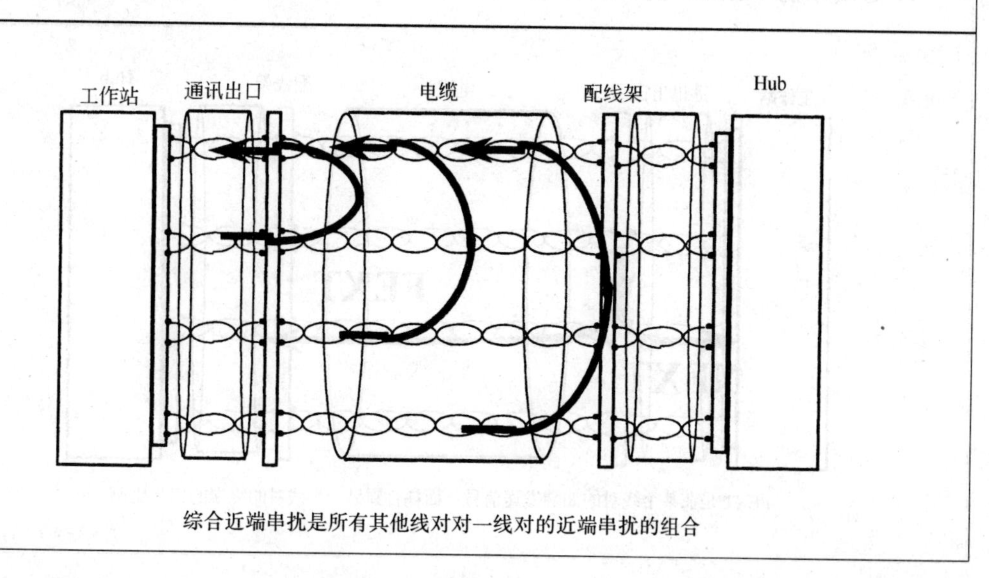

综合近端串扰是所有其他线对对一线对的近端串扰的组合

由于千兆以太网络在铜介质双绞线上的实现是基于4对双绞线全双工的传输模式，因此在传输过程中考虑线对之间的串扰关系时要比五类显得复杂。我们要同时考虑多对线缆之间同时发生的串扰的相互影响。即要考虑同一时间多个线对对同一线对的影响，这就是综合近端串扰。

线对	主机结果						远端结果					
	最差余量			最差值			最差余量			最差值		
	结果(dB)	频率(MHz)	极限值(dB)	结果(dB)	频率(MHz)	极限值(dB)	结果(dB)	频率(MHz)	极限值(dB)	结果(dB)	频率(MHz)	极限值(dB)
PS NEXT												
12	62.3	12.9	53.7	42.8	240.0	33.1	64.2	12.6	53.9	48.0	159.5	36.0
36	40.7	223.0	33.6	40.7	223.0	33.6	41.8	242.0	33.0	41.8	242.0	33.0
45	43.7	227.0	33.5	43.7	227.0	33.5	41.7	242.0	33.0	41.7	242.0	33.0
78	53.9	59.4	43.0	45.7	223.0	33.6	43.4	225.0	33.5	43.4	225.0	33.5

7. 近端串扰和远端串扰(NEXT & FEXT)

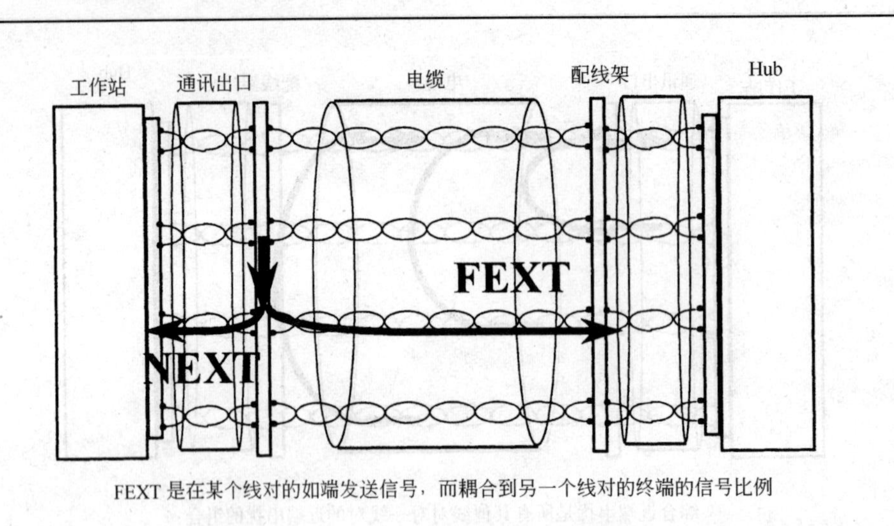

FEXT 是在某个线对的如端发送信号，而耦合到另一个线对的终端的信号比例

由于千兆以太网络在铜介质双绞线上的实现是基于 4 对双绞线全双工的传输模式,因此在传输过程中考虑线对之间的串扰关系时要比五类显得复杂。我们在考虑近端串扰的同时,还要考虑远端串扰。所谓远端、近端是指串扰测试时测试位置同信号源的相对位置,在同一端则为近端,否则为远端。

七、衰减串扰比（ACR）

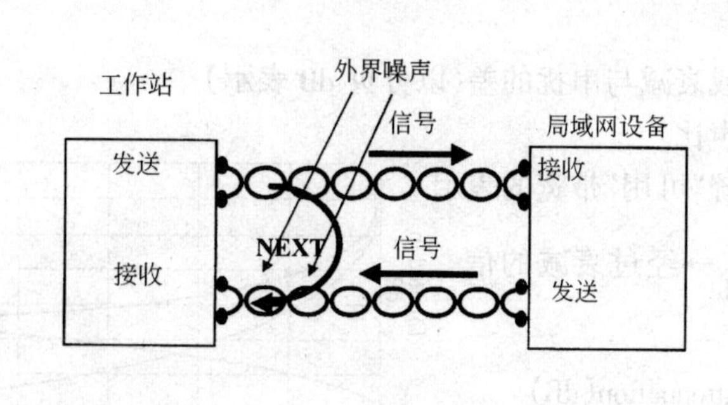

ACR在传统的两对线信号系统中体现了信噪比。考虑工作站收到的信号，这些信号一部分是经过链路衰减过的正常信号，一部分是从其他线对上来的不期望的串扰信号。在100Base-TX中，仅有两对线被使用，一条独享发送，一条独享接收。ACR是近端串扰和衰减的差值，它是从两个方面综合分析接收端分辨正常信号的能力。所以，衰减串扰比直接影响误码率，从而决定是否需要重发。

衰减串扰比(ACR)

- 衰减串扰比或衰减与串扰的差(以分贝 dB 表示)
- 类似信号噪声比
- 对双绞线系统“可用”带宽的表示

信号—被衰减
噪声—近端串扰 →经过衰减的信号和噪声的比

ACR = NEXT - Attenuation(dB)

越大越好

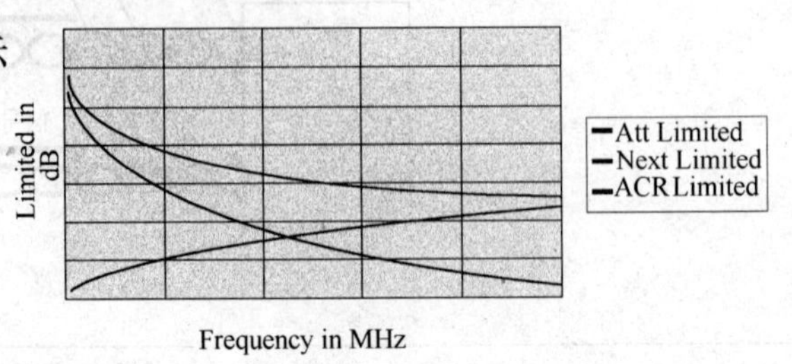

当外部噪声不是很大时,ACR 和信号噪声比相同。在进行计算中所考虑的两个因素是 NEXT 和衰减,如同该参数的名字一样。公式是:衰减除以 NEXT。但是最终你会发现你只需简单地用衰减测量值减去 NEXT 测量值(当以 dB 表示时)。ACR 的测试结果越接近 0dB,你的链路就越不可能正常工作。

	主机结果						远端结果					
	最差余量			最差值			最差余量			最差值		
线对	结果(dB)	频率(MHz)	极限值(dB)	结果(dB)	频率(MHz)	极限值(dB)	结果(dB)	频率(MHz)	极限值(dB)	结果(dB)	频率(MHz)	极限值(dB)
ACR												
12-36	60.7	12.9	49.5	31.5	240.0	4.5	64.3	12.0	50.3	37.0	228.5	5.7
12-45	64.6	11.9	50.4	35.1	242.0	4.3	67.0	8.9	53.2	38.2	248.0	3.7
12-78	54.4	45.6	34.8	42.7	217.0	6.9	53.5	45.6	34.8	41.1	244.5	4.0
36-45	65.3	16.8	46.8	33.4	227.0	5.8	70.0	10.5	51.6	31.2	242.0	4.3
36-78	74.5	3.9	60.7	35.6	245.0	4.0	67.9	8.5	53.7	35.2	219.5	6.6
45-78	71.4	11.6	50.6	38.9	227.5	5.8	68.7	13.8	48.9	35.5	249.0	3.5

八、回波损耗(Return Loss)

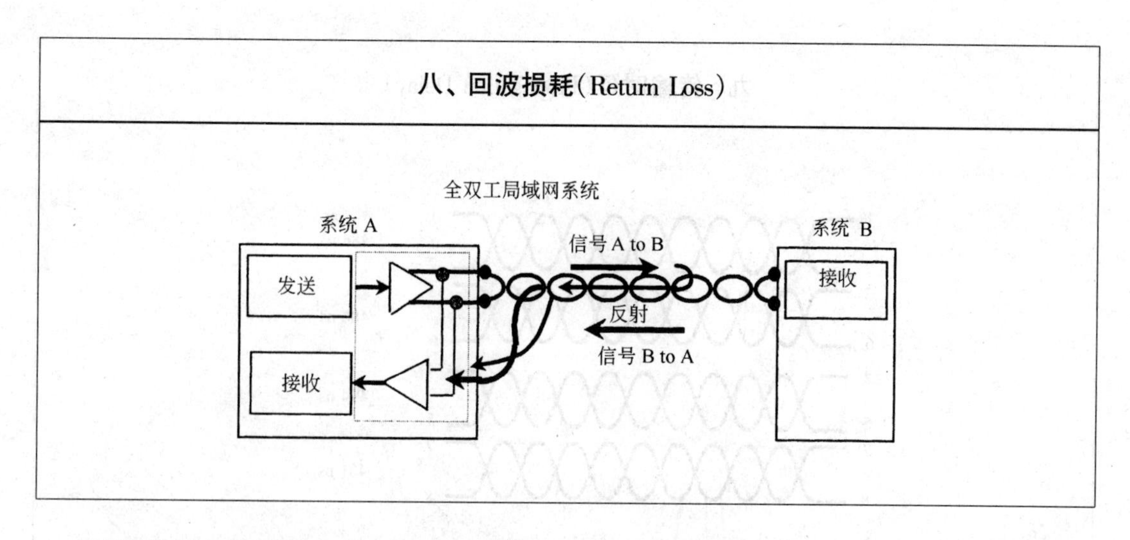

回波损耗是电缆链路由于阻抗不匹配所产生的反射,是一对线自身的反射。不匹配主要发生在连接器的地方,但也可能发生于电缆中特性阻抗发生变化的地方,所以施工的质量是减少回波损耗的关键。回波损耗将引入信号的波动,返回的信号将被双工的千兆网误认为是收到的信号而产生混淆。

通道回波损耗

Freq MHz	Cat 5E dB
1.0	17.0
4.0	17.0
8.0	17.0
10.0	17.0
16.0	17.0
20.0	17.0
25.0	16.0
31.25	15.1
62.5	12.1
100.0	10

永久链路回波损耗

Freq MHz	Cat 5E dB
1.0	>60
4.0	54.8
8.0	50.0
10.0	48.5
16.0	45.2
20.0	43.7
25.0	42.1
31.25	40.5
62.5	35.7
100.0	32.3

九、传输时延(Propagation Delay)

传输时延是信号从电缆一端传输到另一端所花费的时间,是在长度测试中传输往返时间的一半。我们知道,电子是以近似恒定的速度运动,那就可将它与光速的比值定义为一个常数,这就是前面介绍过的额定传输速度—NVP (Nominal Velocity of Propagation)。我们在长度测试中用 NVP 乘以光速再乘以传输往返时间的一半即传输时延就是电缆的电气长度。在确定通道和永久链路的传输时延时,连接硬件的传输时延在 1MHz ~ 100MHz 的范围内不超过 2.5ns。

所有类型通道配置的最大传输时延不应超过在 10MHz 频率下测得的 555ns。所有类型永久链路配置的最大传输时延不应超过在 10MHz 频率下测得的 498ns。

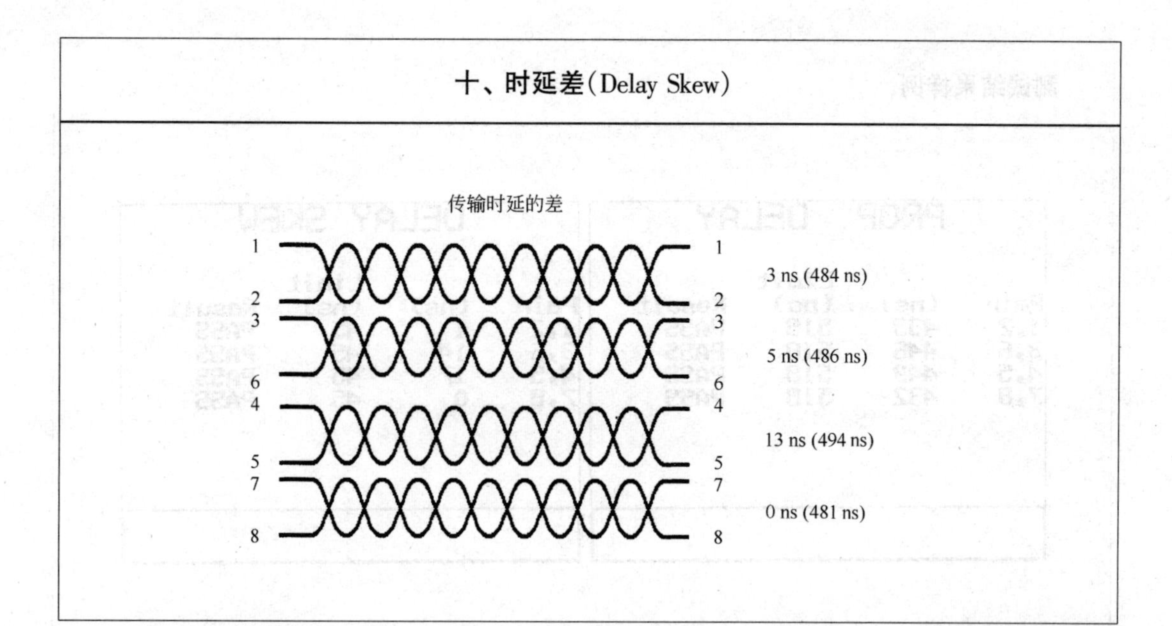

时延偏离是衡量信号在最快线对与最慢线对中传输时延差的尺度。该参数在千兆网的应用中得到了比传输时延更多的重视。我们知道千兆网使用4对线同时传输一组数据,在发射端拆成四组,在接收端再组成一组。如果线对之间的传输时间差很大的话,接收端就会丢失数据。对于安装的每个硬件连接,传输时延偏离不得超过1.25ns。我们在测试中要求这个差不要大于50ns。

所有类型通道配置的最大时延偏离应小于50ns。所有类型永久链路配置的最大时延偏离不应超过44ns。

测试结果样例

PROP. DELAY

Pair	(ns)	Limit (ns)	Result
1,2	433	518	PASS
3,6	446	518	PASS
4,5	449	518	PASS
7,8	432	518	PASS

DELAY SKEW

Pair	(ns)	Limit (ns)	Result
1,2	1	45	PASS
3,6	14	45	PASS
4,5	17	45	PASS
7,8	0	45	PASS

这是DSP电缆测试仪测试4对线传输时延和时延偏离的结果。除非电缆有非常严重的问题，一般来说测试很少有失败的。严重的损伤或电缆本身质量很差是造成测试失败的原因。

十一、等效远端串扰(ELFEXT)

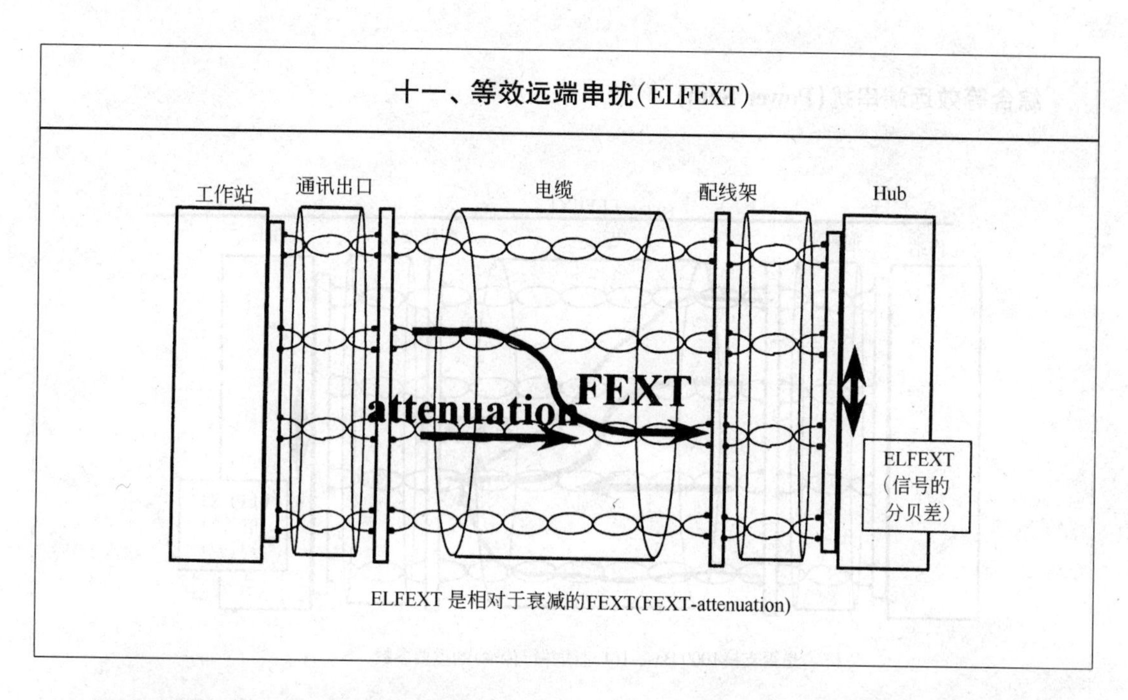

ELFEXT 是相对于衰减的FEXT(FEXT-attenuation)

等效远端串扰的概念同前面讲到的 ACR 非常相似,反映的也是信号与噪声的关系。不过,串扰和信号的方向有所变化,如上图所示。这里是用 FEXT-attenuation。所以可以这样理解,对于测试方向的不同,信噪比用两个参数来反映:噪声源为 NEXT 的 ACR 和噪声源为 FEXT 的 ELFEXT。测试结果见下表:

	主 机 结 果						远 端 结 果					
	最差余量			最 差 值			最差余量			最 差 值		
线对	结 果 (dB)	频 率 (MHz)	极限值 (dB)	结 果 (dB)	频 率 (MHz)	极限值 (dB)	结 果 (dB)	频 率 (MHz)	极限值 (dB)	结 果 (dB)	频 率 (MHz)	极限值 (dB)
ELFEXT												
12-36	41.3	54.2	30.5	31.3	250.0	17.2	41.1	54.2	30.5	31.4	250.0	17.2
12-45	30.8	144.5	22.0	30.8	144.5	22.0	30.6	144.5	22.0	30.6	144.5	22.0
12-78	32.1	230.0	17.9	32.1	230.0	17.9	31.3	230.0	17.9	31.3	230.0	17.9
36-12	41.3	54.2	30.5	32.3	215.0	18.5	41.5	54.2	30.5	32.1	215.0	18.5
36-45	30.7	156.0	21.3	27.6	227.5	18.0	27.2	227.5	18.0	27.2	227.5	18.0
36-78	29.4	184.5	19.9	29.4	196.0	19.3	28.5	184.5	19.9	28.5	185.0	19.8
45-12	32.5	143.0	22.1	32.5	143.0	22.1	32.7	143.0	22.1	32.7	143.0	22.1
45-36	30.7	155.5	21.4	29.6	247.0	17.3	30.8	156.0	21.3	30.0	247.0	17.3
45-78	51.5	16.9	40.7	30.1	217.5	18.4	51.4	16.5	40.9	29.6	217.5	18.4
78-12	34.4	238.0	17.6	34.4	238.0	17.6	35.1	238.0	17.6	35.1	238.0	17.6
78-36	28.0	184.0	19.9	28.0	196.5	19.3	28.8	184.0	19.9	28.8	196.5	19.3
78-45	34.1	117.0	23.8	29.7	217.5	18.4	34.6	117.0	23.8	30.2	218.5	18.4

综合等效远端串扰(Power Sum)

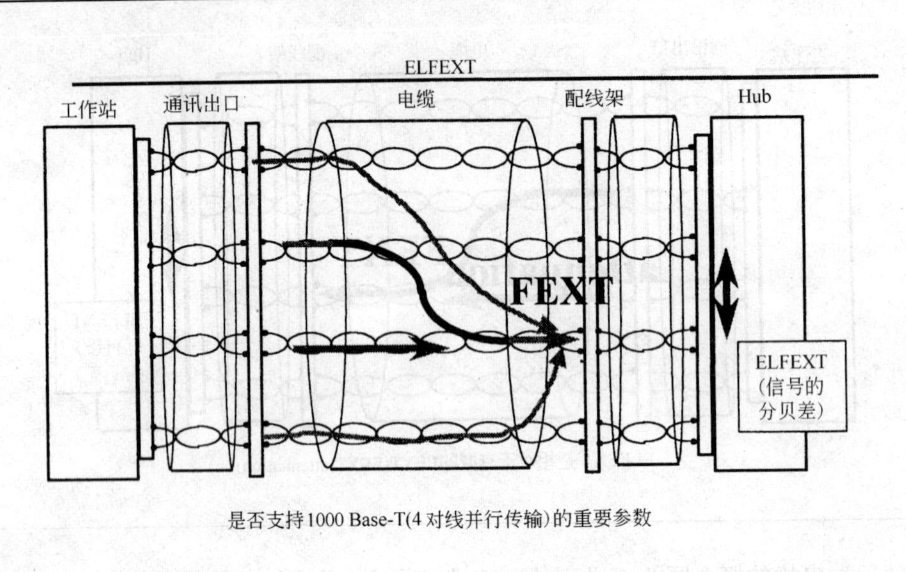

是否支持1000 Base-T(4对线并行传输)的重要参数

综合的概念是指多个线对对某一线对的影响,综合等效远端串扰的综合是指远端串扰的综合,即用PSFEXT-Attenuation。这时干扰源已经不是单一线对,而是三对线对的共同的干扰。测试结果见下表:

线对	主机结果						远端结果					
	最差余量			最差值			最差余量			最差值		
	结果(dB)	频率(MHz)	极限值(dB)	结果(dB)	频率(MHz)	极限值(dB)	结果(dB)	频率(MHz)	极限值(dB)	结果(dB)	频率(MHz)	极限值(dB)
PSELFEXT												
12	31.3	138.0	19.4	30.8	227.0	15.1	30.0	144.5	19.0	29.2	231.0	14.9
36	25.8	184.5	16.9	25.4	247.0	14.3	26.0	185.5	16.8	25.4	232.5	14.8
45	47.8	15.3	38.5	25.8	227.5	15.0	47.6	16.3	38.0	27.2	237.0	14.7
78	27.6	184.5	16.9	27.6	185.0	16.8	27.6	184.0	16.9	27.6	184.0	16.9

第三节　实　践　篇

主要内容:

- 认证测试与验证测试的区别
- 如何选择测试设备
- 现场测试常见故障及其定位技术
- 3dB 原则

学习目标:

了解认证测试与验证测试的区别,了解现场测试的基本知识,掌握基本的故障检测技术,懂得如何选择测试设备。

一、区分验证测试与认证测试

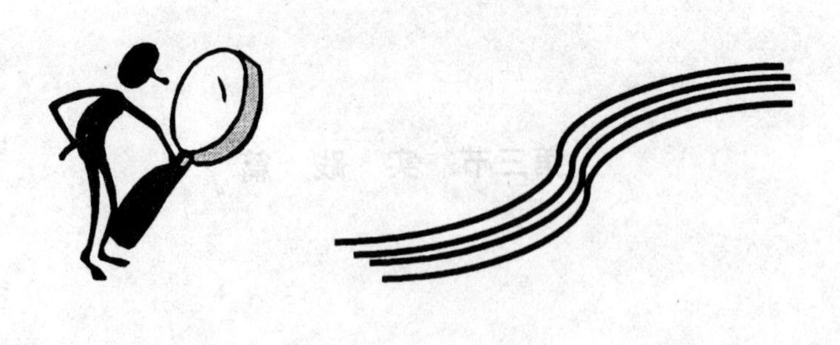

综合布线的验证测试是一项非常系统的工作,依据测试的阶段可以分为工前检测、随工检测、隐蔽工程签证和竣工检测。检测的内容涉及了施工环境、材料质量、设备安装工艺、电缆的布放、线缆的终接、电气性能测试等诸多方面。而对于用户来说,应该说最能反映工程质量的数据来自最终的电气性能测试。这样的测试能够通过链路的电气性能指标综合反映工程的施工质量,其中涵盖了产品质量、设计质量、施工质量、环境质量等等。

1. 验证测试

- 测试项目面向实际应用,包括:

→ 接线故障—开路/短路/跨接/反接

→ 接线/连线错误的故障定位

→ 测量/验证电缆长度

根据网络布线工程现场施工和验收的需要,我们通常将现场布线系统的测试方式分为验证测试、认证测试两类。所谓验证测试通常是指,通过简单的测试手段来判断链路的物理特性是否正确。由于这类测试仅仅是通过简单的测试设备来确认链路的通断、长度及接线图等物理性能,而不能对复杂的电气特性进行分析,因此这类测试仅适用于随工检测。也就是说,在施工的过程中为了确保布线工程的施工质量,及时发现物理故障,我可以利用测试设备进行“随布随测”。这样的测试对仪器的要求相对较低,笔者曾经使用过的最好的应属FLUKE F620。

2. 认证测试

- 检验电缆系统的安装质量(物理特性)
- 安装的电缆系统是否满足其传输性能的要求(电气特性)

→ 检验将来是否可以运行高速以太网(带宽更高)

- 同时检验电缆系统的文件档案备案

→ 电缆标识,走向等

认证测试相对验证测试就要复杂得多,这也就是我们前面所提的电气性能测试。认证测试要以公共的测试标准(如:TIA TSB67,ISO 11801)为基础,对布线系统的物理性能和电气性能进行严格测试,当然只有优于标准的才是合格的链路。这样的测试对仪器的精度要求是非常高的。认证测试往往是在布线工程全部完工后,甲乙双方共同参与,由第三方进行的验收性测试,这也是内容最全面的测试。其实,从测试的范围来讲,认证测试涵盖了验证测试的全部测试内容。

二、认证测试要求有较高的仪器精度

• 现场测试仪的四个级别的精度标准

测试仪的精度是选择测试仪的一项非常重要的特性。精度决定了测试仪对被测链路测试并判定为通过时的可信程度，即被测链路是否真正达到了所选测试标准的参数要求。

ANSI/TIA/EIA-568-B 标准中定义了四类精度级别：Ⅰ、Ⅱ、Ⅱe 和Ⅲ。其中Ⅰ、Ⅱ级精度是针对认证测试五类布线系统的现场测试仪的测量精度要求，Ⅱe 级精度是针对认证测试超五类布线系统的现场测试仪的测量精度要求，Ⅲ级精度是针对认证测试六类布线系统的现场测试仪的测量精度要求。精度等级的定义对于通道测试或永久链路测试均是有效的。一级精度的测试仪器相对于二级精度的测试仪器来说，要测试结果的不准确范围更大。ANSI/TIA/EIA-568-B 标准中定义了一个将现场测试仪的测试结果与实验室设备的结果进行比较的方法。

如何保证测试仪具有最高的测试精度(1)

- 获得美国 UL 认证的电缆现场测试仪

怎样选择一个能提供最高可信度的测试仪？重要的一点就是对所选的测试仪进行全面的评估,来证实测试仪器的性能和精度。但作为用户不具有这方面的专业的知识和有效的评估手段,很难从一般性的功能列表中得出正确的结论。这就要求生产厂家能提供由独立的和技术可信的专业机构所做的精度评估的证明。如美国保险实验室 UL (Underwriters Laboratories Inc.)是一个独立的非盈利性的产品安全与认证机构,该机构在长达一个多世纪的时间内,为了公众的安全利益对产品、材料以及系统进行评估。经 UL 认证的测试仪器贴有如上图所示的标记。

如何保证测试仪具有最高的测试精度(2)

- 测试仪精度校准

→ 测试设备的精度有效期最长为一年

→ 需要定期进行精度校准

→ 校准机构要有权威性

测试仪精度校准

现场电缆认证测试仪属于专业的精密仪器仪表,它的精度是有时间条件的,一般来说精度期在一年内。所以对于用户来说,在使用了一段时间后,对测试仪器的精度应该如何进行校准;测试仪的生产厂家又如何向用户保证在测试仪器精度已经到达需要校准的时间时,及时对其仪器进行校准;是否需要将测试仪送回原厂家校准?关于这方面的问题很少有测试仪的生产厂家向用户说明,但作为用户必须要明确上述问题,因为它直接关系到以后测试仪的精度和测试数据的可信程度。

三、电缆测试仪分类(1)

- 简单通断型测试仪
  → 满足一般现场安装测试需要
- 认证级别电缆测试仪
  → 5类电缆测试仪
  → 5E类电缆测试仪
  → 6类电缆测试仪
  → 光纤测试仪

根据测试能力的不同,电缆测试仪可以分为简单通断型、五类电缆测试仪、5E类电缆测试仪和六类电缆测试仪。简单通断型测试仪适合现场施工时进行电缆物理连接质量的检测,一般可以完成接线图测试、长度测试甚至断电定位等功能,但是不能对电器性能进行测试;五类电缆测试仪根据标准要求,其测试带宽至少要达到100MHz,并能完成标准要求的各项参数测试。5E类电缆测试仪和六类电缆测试仪往往集成到一台测试仪中,由于六类电缆测试标准的要求,其测试带宽应当达到250MHz以上。

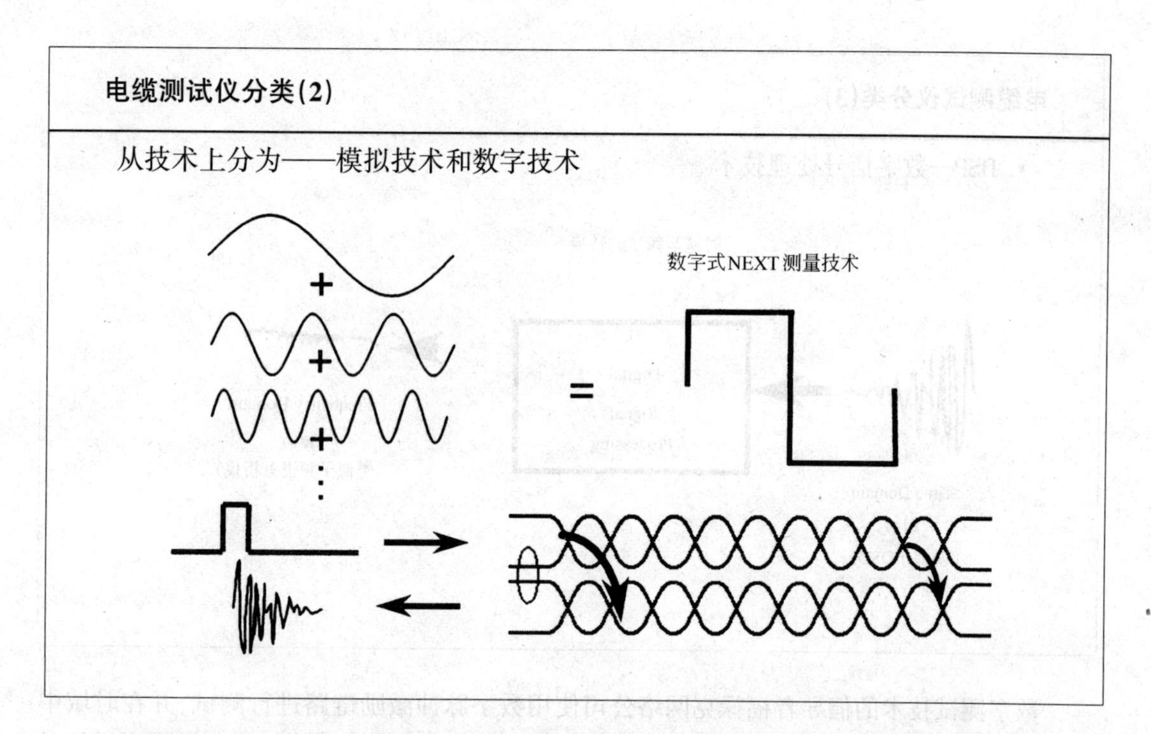

测试仪器主要采用两类测试技术——模拟技术和数字技术。模拟技术是传统的测试技术,主要采用频率扫描来实现,即每个测试频点都要发送相应频率的测试信号进行测试。数字技术则是通过发送数字信号完成测试,我们知道任何周期信号都是由支流分量和 k 次谐波之和组成,这样我们通过相应的信号处理技术可以获得数字信号在电缆中的各次谐波的频谱特性。

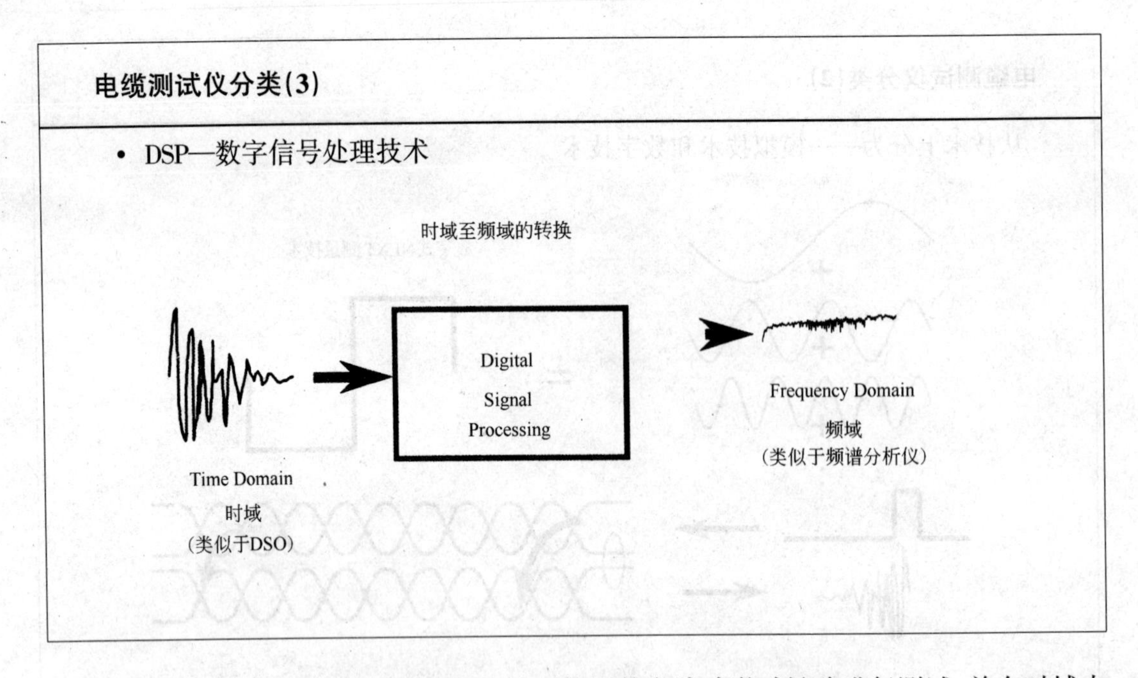

数字测试技术的倡导者福禄克网络公司使用数字脉冲激励链路进行测试,并在时域中使用数字信号处理技术来处理测试结果。这种测试方法所提供的精度和重复性要远远超过所有模拟或扫频的方法。DSP 系列电缆分析仪以其实验室级的精度、坚固的手持设计和供电时间持久的性能可与任何对手竞争。

电缆测试仪分类(4)

- 数字技术提供快速测试的可能

→ 按照 TSB-67 标准规定所要求的 NEXT 测试的采样步长,测试所有的 NEXT,至少需要发送 2800 多次不同频率的正弦信号

频率范围(MHz)	最大测试步长(MHz)	频率范围(MHz)	最大测试步长(MHz)
1~31.25	0.15	31.26~100	0.25

由于测试技术的不同导致了测试速度的不同,比如按照TIA-CAT5TSB-67标准,在测试NEXT时需要发送 2800 余次信号才完成整个测试频域的扫描,而如果采用数字技术则只需发一次方波即可。这样大大节约了测试时间。

四、测试实践(1)——测试仪器的校准

- 测试仪器的校准是不可忽视的问题

→ 测试仪器的精确度直接影响的测试结果是否准确

- 每次测试前都要进行自校准

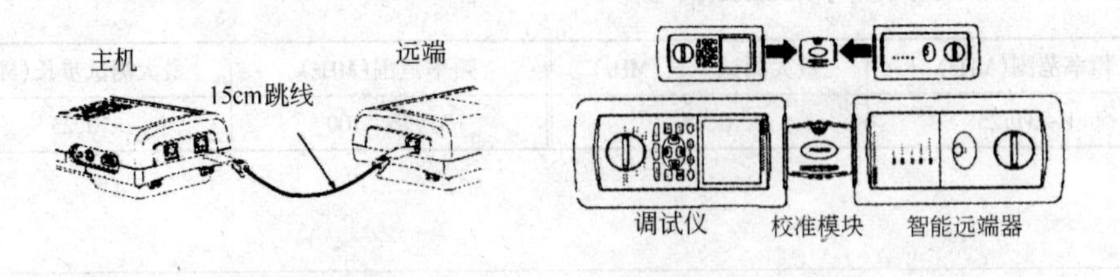

测试仪器的校准是不可忽视的问题

为了保证测试仪的精度,使测试结果准确,测试人员应该定时对测试仪进行校准。校准分为两种:一、仪器主机和远端之间的自校准,以确保主机与远端数据的一致性。二、仪器精度的校准,保证仪器硬件的精度要求。对于 FLUKE DSP 系列测试仪,我们建议用户一个月进行一次主机与远端之间的自校准,方法可参见产品说明书,用户自行完成。建议用户每一年进行一次仪器精度的校准。这需要将仪器送到国家级计量检验中心,由专业人员专业校准仪器完成。

测试实践(2)

- 进行正确的仪器设置是测试的前提
- 选择正确的测试标准

→ 布线国际标准:TIA,ISO...

→ 国家标准:GBT 50312

→ 网络标准:100BASE-TX...

- 电缆类型及特性阻抗

→ UTP(100Ω)—非屏蔽双绞线

→ ScTP(100/120/150Ω)—箔制屏蔽双绞线

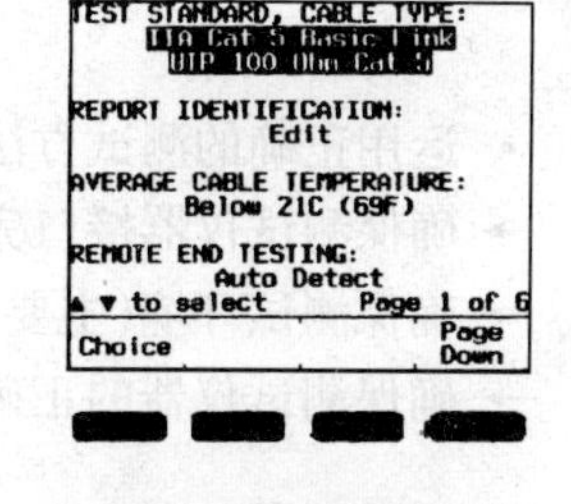

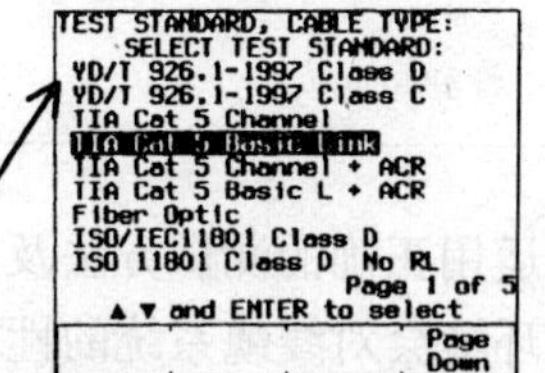

选择正确的仪器设置是测试的前提。

标准、电缆类型、温度等是测试前应该仔细设置的。如果用户使用的是五类布线系统而测试人员选择了三类的标准,那么测试结果即使通过了也无意义,因为这个测试结果并不能满足用户的需求。

对于电缆类型有一点需要注意的,北美的线缆特性阻抗都是 100Ω 的,而欧洲的线缆系统多数是 150Ω 的,选择时不要选错了。

测试实践(3)

- 运用正确的测试方法及好的测试环境是测试保障

→ 确保测试仪器接口完好

→ 确保测试环境(主要是测试接口)的清洁

→ 确保测试仪器的正确接入

运用正确的测试方法及好的测试环境是测试保障。

环境会对线缆系统的性能产生影响,同样也会对测试产生影响。这主要体现在测试仪与线缆系统的连接以及电磁噪声上。测试仪与线缆系统连接不实会产生错误的测试结果,进而会误导测试人员产生错误的判断。对于这个问题,我们有两点建议。第一,测试之前要确保链路的接口没有因施工而遗留的杂质。第二,测试失败后尽量进行二次测试,尤其是发现是两个端口错误时。对于测试环境中的噪声,多数的测试仪会产生错误的判断,所以尽量在没有太多太强的电磁干扰下进行。而对于已经运行的类似于机房环境的测试,这种噪声的干扰更加严重。

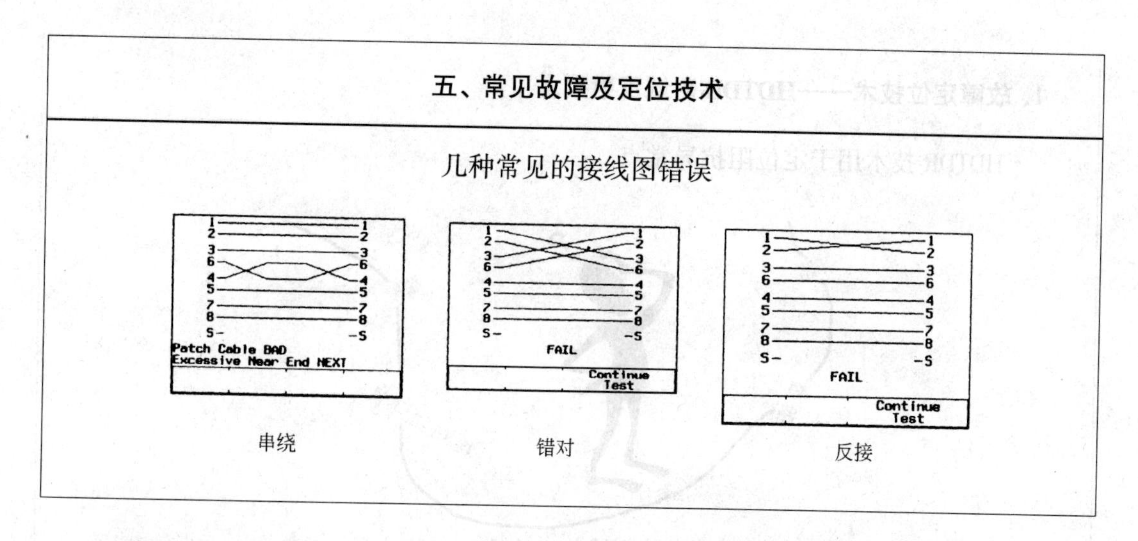

串绕　　错对　　反接

线图(Wire Map)错误——主要包括以下几种错误类型:反接、错对、串绕。对于前两种错误,一般的测试设备都可以很容易的发现,测试技术也非常简单,而串绕却是很难发现的。串绕错误的发生是因为我们在连接模块或接头时没有按照 T568A 或 T568B 规定,造成链路两端虽然在物理上实现了 1 <-> 1、2 <-> 2、……、8 <-> 8 的连接,但是却没有保证 12、36、45、78 线对的双绞(这是一种非常普遍存在的错误现象)。由于串绕破坏了线对的双绞因而造成了线对之间的串扰过大,这种错误会造成网络性能的下降或设备的死锁。然而一般的通断测试设备是无法发现串绕的。利用 HDTDX™ 技术,我们就可以轻松的发现这类错误,它可以准确的报告串绕电缆的起点和终点(即使串绕存在于链路中的某一部分)。

反接导致电缆两端的连接极性不匹配。但是目前的网络设备都具有自动反接功能,因此这种接线错误不会导致设备无法上网。

T586A、T568B 标准混用造成的错对线序,网络设备使用这样的电缆是不能够上网的,这种线序的电缆只能用于 HUB、Switch 的级连,或者用于两台 PC 机的直连。

非标准的接线方式导致双绞线对被破坏,这样的电缆在带宽(MHz)应用较低的网络中(如:10BASE-T),对网络的性能影响并不明显。但在带宽(MHz)应用高的网络中(如:100BASE-Tx),可以导致网络性能明显下降、设备死锁等故障。

1. 故障定位技术——HDTDR 时域反射技术

• HDTDR 技术用于定位阻抗异常点

HDTDR™(High Definition Time Domain Reflectometry)高精度的时域反射技术，主要针对有阻抗变化的故障进行精确的定位。该技术通过在被测线对中发送测试信号，同时监测信号在该线对的反射相位和强度来确定故障的类型，通过信号发生反射的时间和信号在电缆中传输的速度可以精确的报告故障的具体位置。

1.1 时域反射技术(HDTDR)

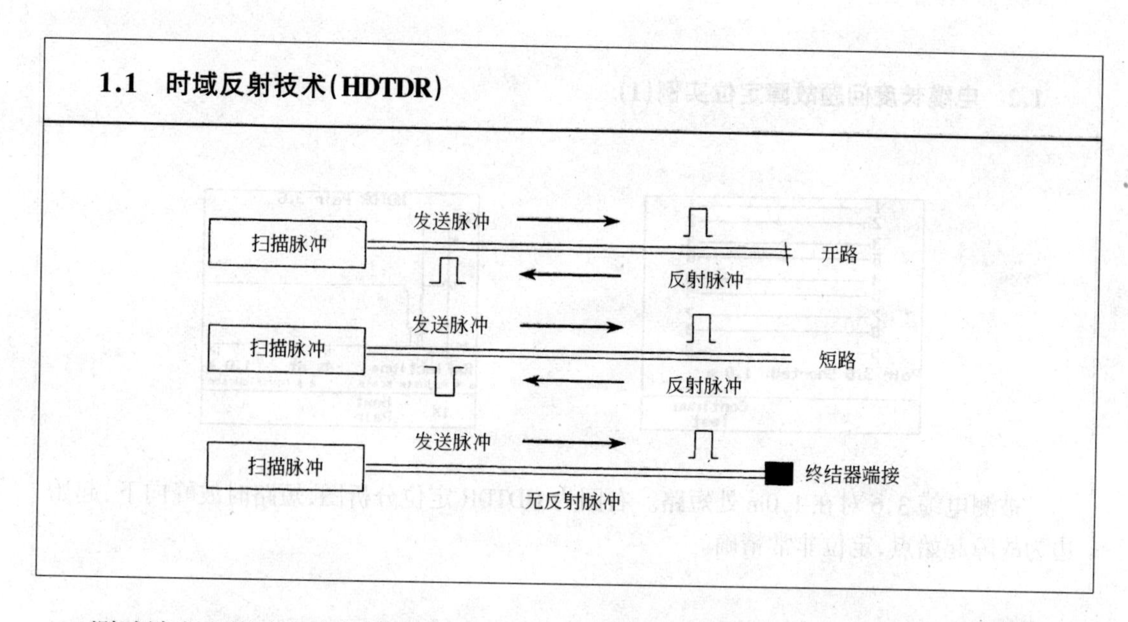

测试端发出测试脉冲信号,当信号在传输过程中遇到阻抗变化就会产生反射,不同的物理状态所导致的阻抗变化是不同的,而不同的阻抗变化对信号的反射状态也是不同的。当远端开路时,信号反射并且相位未发生变化,而当远端为短路时,反射信号的相位发生了变化。如果远端有信号终结器,则没有信号被反射。测试仪就是根据反射信号的相位变化和时延来判断故障类型和距离。

1.2 电缆长度问题故障定位实例(1)

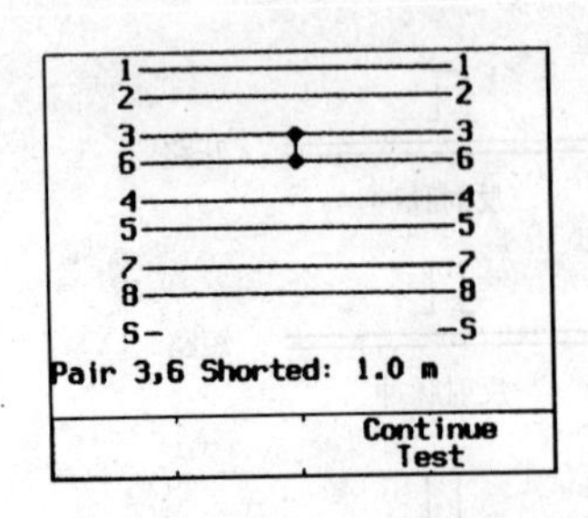

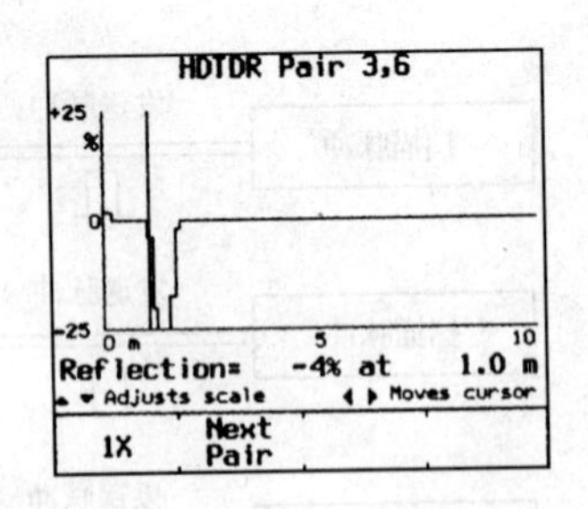

被测电缆3,6对在1.0m处短路。右图为HDTDR定位分析图,短路时波峰向下,起始边为故障起始点,定位非常精确。

电缆接线图及长度(Length)问题——主要包括以下几种错误类型:开路、短路、超长。开路、短路在故障点都会有很大的阻抗变化,对这类故障我们都可以利用HDTDR™技术来进行定位。故障点会对测试信号造成不同程度的反射,并且不同的故障类型的阻抗变化是不同的,因此测试设备可以通过测试信号相位的变化以及相应的反射时延来判断故障类型和距离。当然定位的准确与否还受设备设定的信号在该链路中的额定传输速率(NVP)值决定。超长链路发现的原理是相同的。

电缆长度问题故障定位实例(2)

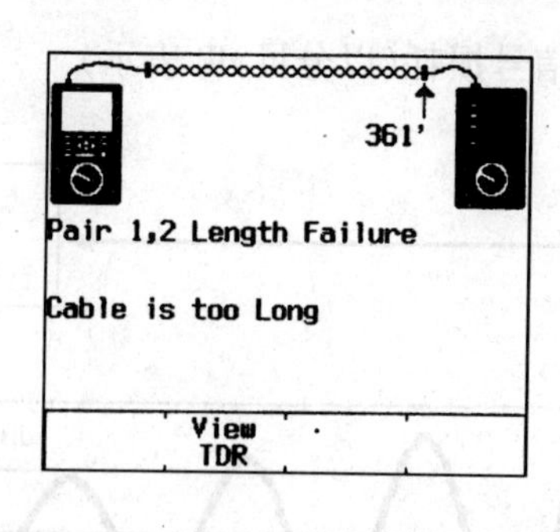

电缆超长

北京某设计院,办公网上某 PC 访问其他设备速度非常慢,而在同一 HUB 上的其他 PC 间相互访问速度正常。利用 FLUKE DSP2000 电缆测试仪测试后发现,PC 到 HUB 的链路距离达到 361 英尺(118m),伴随着电缆超长仪器同时报告衰减失败。分析原因,由于电缆超长导致信号衰减过大,从而导致信号端、接收端无法正确识别信号,网络纠错功能要求发送端重新发送数据,如此反复,导致网络访问性能下降。

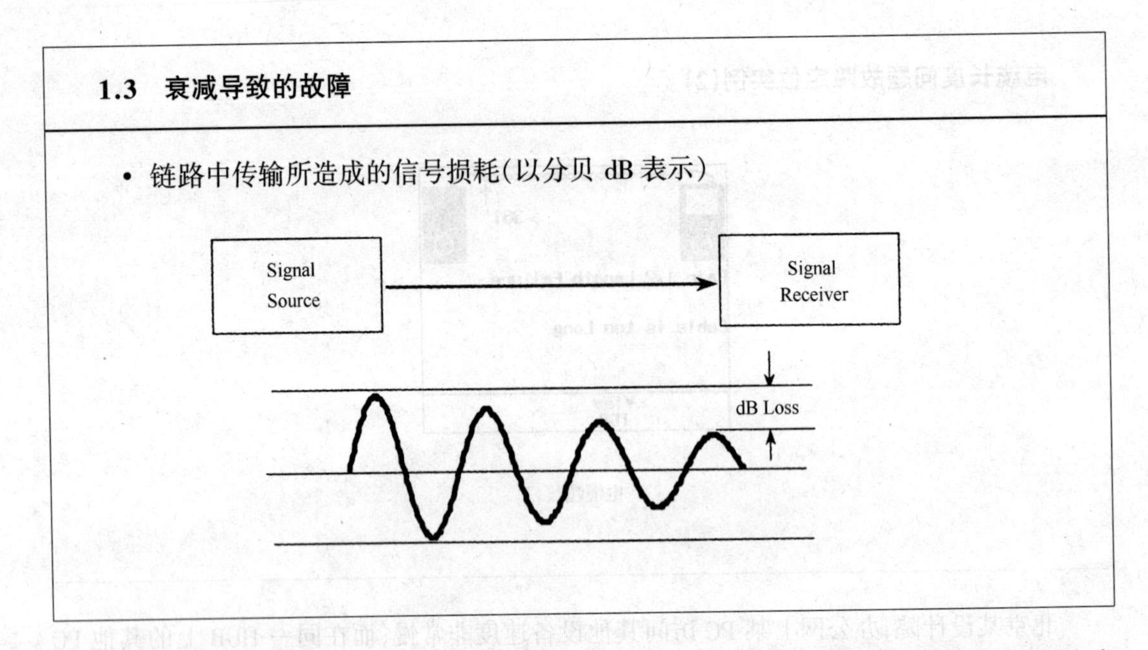

衰减(Attenuation)——衰减是指信号幅度沿链路传输的减弱,是由于电缆的电阻所造成的电能损耗以及电缆绝缘材料所造成的电能泄漏。信号的衰减同很多因素有关,如:现场的温度、湿度、频率、电缆长度等等。在现场测试工程中,在电缆材质合格的前提下,衰减大多与电缆超长有关,通过前面的介绍我们很容易知道,对于链路超长可以通过 HDTDR™ 技术进行精确的定位。

1.4 回波损耗故障实例

实例:对一回波损耗不合格的链路进行故障定位,HDTDR™技术准确地报告了故障点在链路1.8m一模块处。

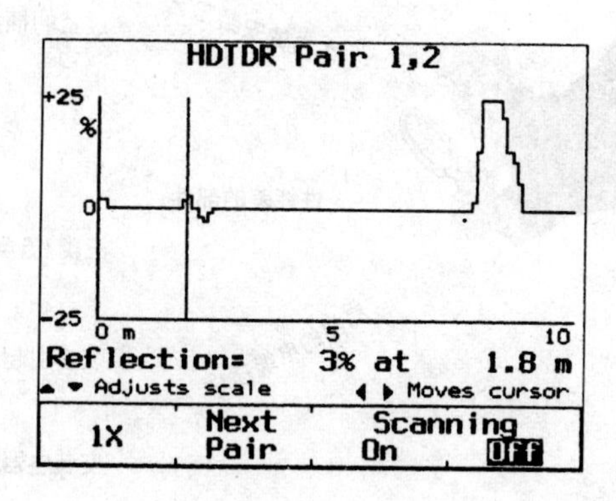

回波损耗(RETURN LOSS)——回波损耗是由于链路阻抗不匹配造成的信号反射。不匹配主要发生在连接器的地方,但也可能发生于电缆中特性阻抗发生变化的地方。由于在千兆以太网中用到了双绞线中的4对线同时双向传输(全双工),因此被反射的信号会被误认为是收到的信号而产生混乱。知道了回波损耗产生的原因——是由于阻抗变化引起的信号反射,我们就可以利用针对这类故障的HDTDR™技术进行精确定位了。

2. 故障定位技术——HDTDX时域串扰分析

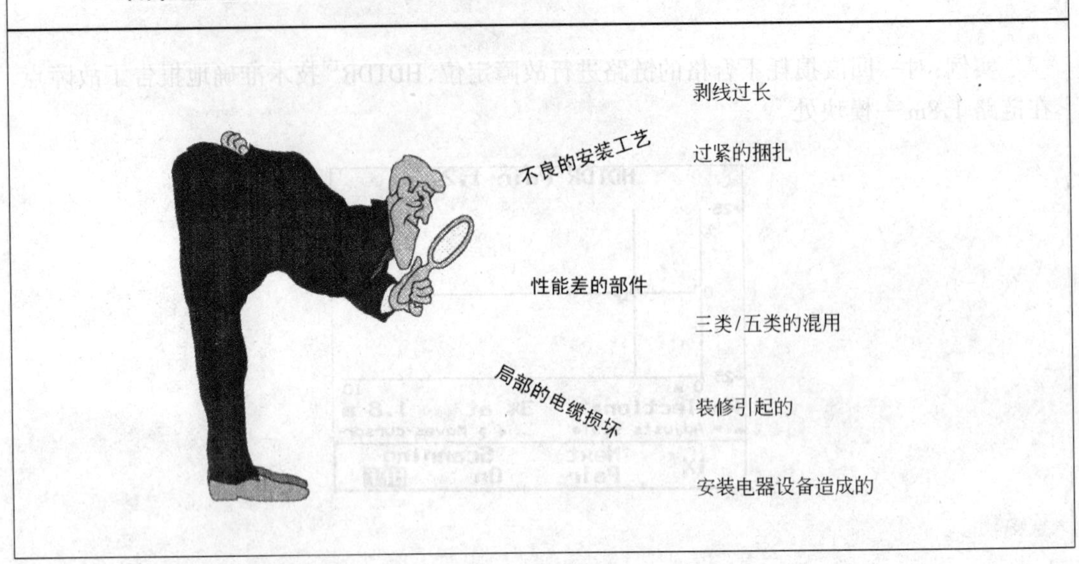

近端串扰(NEXT)——串扰在通信领域又叫串音,他类似于噪声,是从相邻的线对传输过来的不期望的信号。近端串扰故障常见于链路中的接插件部位,由于端接时工艺不规范,如:接头部分的双绞部分超过推荐的13mm,造成了电缆绞距被破坏,从而导致在这些位置产生过高的串扰。当然串扰不仅仅发生在接插件部位,一段不合格的电缆同样会导致串扰的不合格。对于这类故障,我们可以利用HDTDX™技术轻松地发现它们的位置,无论它是发生在某个接插件还是某一段链路。

2.1 HDTDX—时域串扰分析

Near End Crosstalk(NEXT)近端串扰

- NEXT 是测量来自其他线对的信号
- NEXT 的含义是在信号发送端看信号泄漏的程度
- NEXT 与温度和导管关系不大
- NEXT 对高速网络影响很大

HDTDX™(High Definition Domain Crosstalk)高精度的时域串扰分析技术,主要针对各种导致串扰的故障进行精确的定位。以往对近端串扰的测试仅能提供串扰发生的频域结果,即只能知道串扰发生在那个频点(MHz),并不能报告串扰发生的物理位置,这样的结果远远不能满足现场解决串扰故障的需求。而 HDTDX™技术是通过在一个线对上发送测试信号,同时在时域上对相邻线对测试串扰信号。由于是在时域进行测试,因此根据串扰发生的时间以及信号的传输速度可以精确的定位串扰发生的物理位置。这是目前惟一能够对近端串扰进行精确定位并且不存在测试死区的技术。

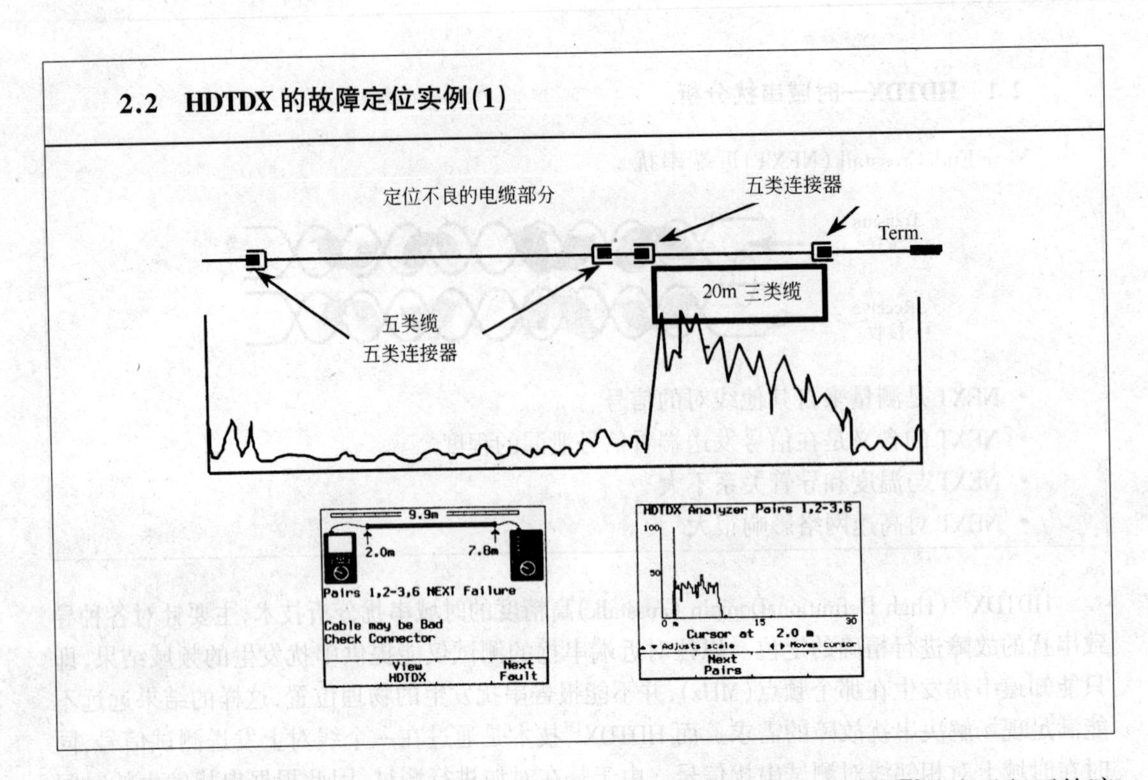

某工程验收测试时发现 NEXT 不合格，我们通过测试仪器的 HDTDX™ 技术进行了故障定位。结果如图：在被测的五类链路中，从 2.0m～7.8m 的一段存在过高的 NEXT，经现场检查发现，该链路中混用了一段三类双绞线。

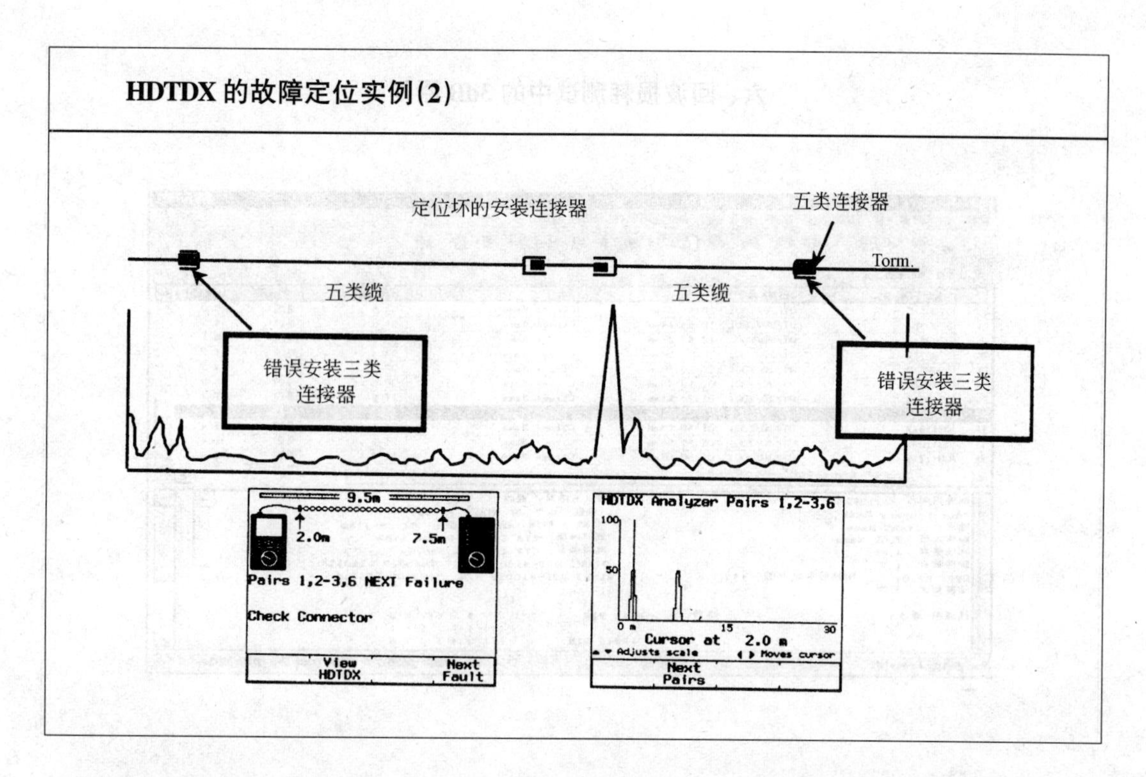

同样的工程中发现，链路中的两个点 NEXT 未通过。同样利用 HDTDX™ 技术我们发现这两点分别在链路中 2.0m 和 7.5m 处，经检查发现是由于这两处模块误用了三类接插件。

六、回波损耗测试中的 3dB 原则

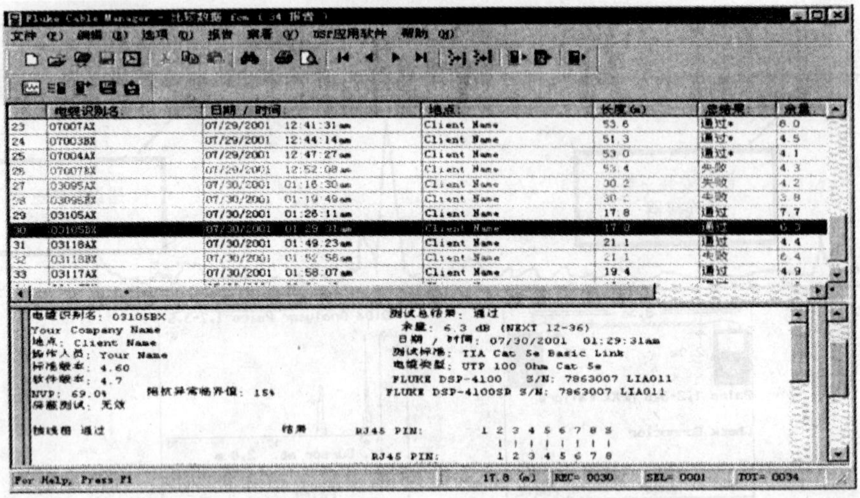

Fluke Cable Manager - 比较数据 fcm (34 报告)

文件 (F) 编辑 (E) 选项 (O) 报告 察看 (V) DSP应用软件 帮助 (H)

	电缆识别名	日期 / 时间	地点	长度 (m)	总结果	余量
23	07007AX	07/29/2001 12:41:31am	Client Name	53.6	通过*	6.0
24	07003BX	07/29/2001 12:44:14am	Client Name	51.3	通过*	4.5
25	07004AX	07/29/2001 12:47:27am	Client Name	53.0	通过*	4.1
26	07007BX	07/29/2001 12:52:08am	Client Name	53.4	失败	4.3
27	03095AX	07/30/2001 01:16:30am	Client Name	30.2	失败	4.2
28	03095BX	07/30/2001 01:19:49am	Client Name	30.2	失败	3.8
29	03105AX	07/30/2001 01:26:11am	Client Name	17.8	通过	7.7
30	03105BX	07/30/2001 01:29:31am	Client Name	17.8	通过	6.3
31	03118AX	07/30/2001 01:49:23am	Client Name	21.1	通过	4.4
32	03118BX	07/30/2001 01:52:56am	Client Name	21.1	失败	6.4
33	03117AX	07/30/2001 01:58:07am	Client Name	19.4	通过	4.9

电缆识别名：03105BX
Your Company Name
地点：Client Name
操作人员：Your Name
标准版本：4.60
软件版本：4.7
NVP：69.0%　阻抗异常临界值：15%
屏蔽测试：无效

测试总结果：通过
余量：6.3 dB (NEXT 12-36)
日期 / 时间：07/30/2001 01:29:31am
测试标准：TIA Cat 5e Basic Link
电缆类型：UTP 100 Ohm Cat 5e
FLUKE DSP-4100　S/N: 7863007 LIA011
FLUKE DSP-4100SR S/N: 7863007 LIA011

接线图 通过　结果　RJ45 PIN: 1 2 3 4 5 6 7 8
RJ45 PIN: 1 2 3 4 5 6 7 8

For Help, Press F1　17.8 (m)　REC= 0030　SEL= 0001　TOT= 0034

对于布线性能的测试，测试人员可能很难容忍测试仪测试的结果出现负值。因为负值就意味着你所测试的链路性能没有达到标准所要求的，是失败的链路。对于测试通过的链路，应该说在整个测试带宽(MHz)下，都是满足要求的。但是满足要求的测试结果是不是在整个带宽下一定都比标准要求的值要好呢？答案是不一定。这个答案可能对大家有所触动，因为在多数人的认识中都会觉得一条链路如果通过了测试，则表示这条链路在每个测试频点上的值都要好于标准中所规定的值。没错，通常都是这样的，而且你从任何测试仪的最终结果上都会看到这一点，但是你可曾看过这些链路的图形报告，如果你看了就可能会惊讶于它们之间偶尔出现的一些矛盾现象了。我们从用户处得到过这样的数据，请看上图第 30 条的测试结果，报告的结果通过，报告给出了每个参数的最差情况的值，当然这些值都是正的。

1. 第 30 条数据的 3,6 对回波损耗图形数据

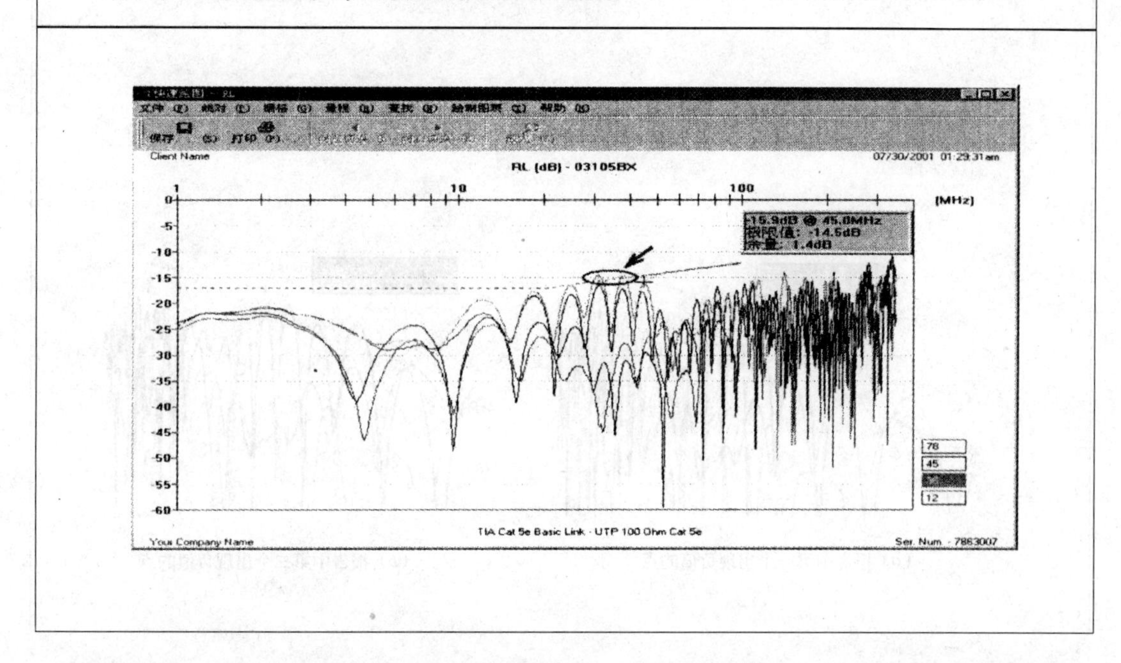

图中给出了这条电缆的回波损耗的图形报告。图上标出了 3,6 对的最坏情况是在频率为 45.0MHz 时发生的,此结果我们可以接受,因为最坏点要比标准所规定的好 1.4dB。但是这时大家可能吃惊了,因为在这个图上明明出现了两个和标准交叉的点。为什么这不是最坏的点呢？而测试总结果又是通过呢!

2. 回波损耗测试中的 3dB 原则

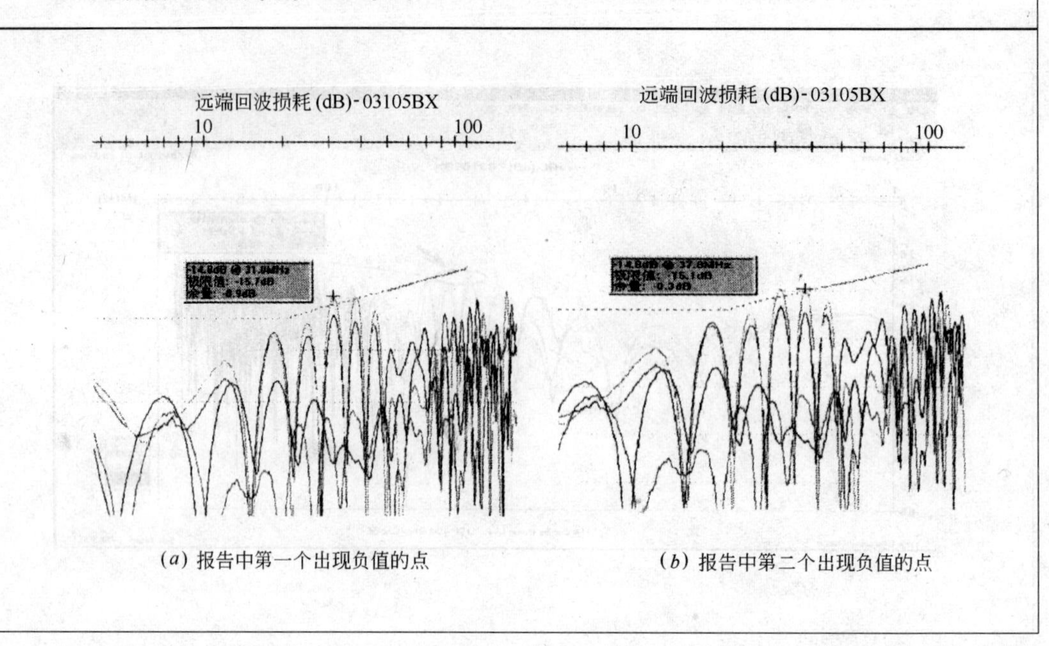

(*a*) 报告中第一个出现负值的点　　(*b*) 报告中第二个出现负值的点

图中给出了这两个和标准曲线交叉的点,余量分别为－0.9dB 和－0.3dB,从表面上看,最坏的情况应该是上图(*a*)给出的和标准交叉的点,而且总结果也应该是失败的。这是怎么回事,难道仪表有问题。不是的,仪表没有问题,而图中这种结果的出现正是 3dB 原则在测试仪器中的体现。

3. 回波损耗测试中的 3dB 原则

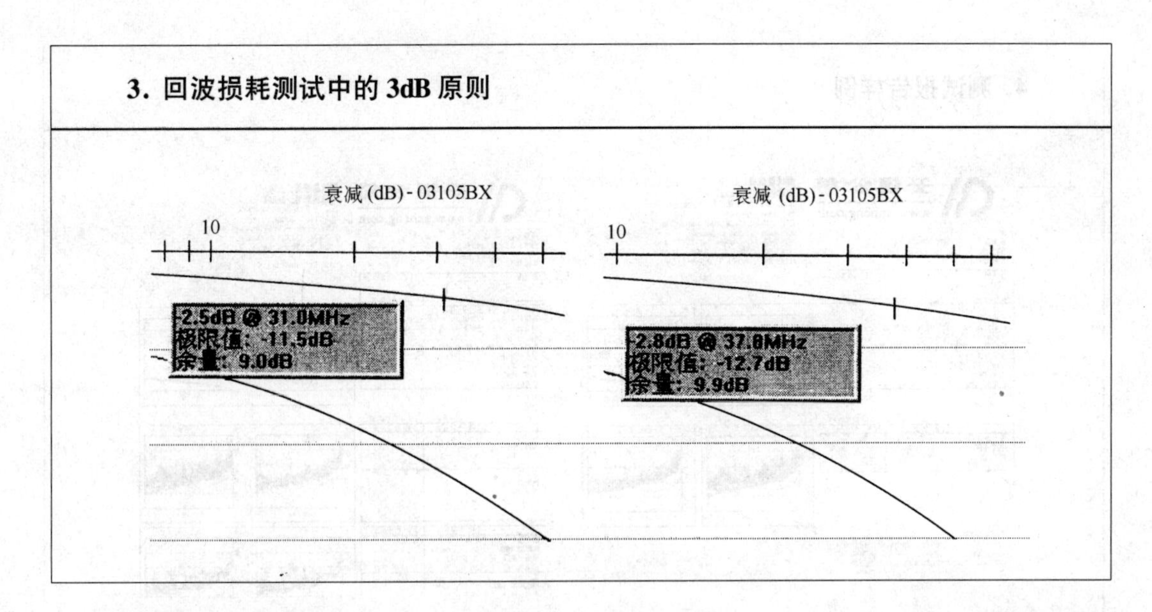

测试人员可能很少知道在 TIA 标准中有个 3dB 原则，在 ANSI/TIA/EIA586-A 的第五个增编中引入了 3dB 原则，以考虑在 Cat 5E 的测试中经常出现的回波损耗不通过的一个特殊情况。请注意图中列出的两个频率点的衰减情况，我们会发现一个共同的现象就是这两个点的衰减都小于 3dB。因为衰减是频率的函数，对于 3，6 对 44MHz 之后的衰减都大于 3dB (44MHz 回波损耗余量为 1.9dB)。这就是 3dB 原则的体现：如果在测试的频带内衰减有小于 3dB 的点，那这些点上所产生的回波损耗即使超出了标准所规定的极限，也可认为对数据的传输没有太大的影响，而不作为最差的情况列出来。

4. 测试报告样例

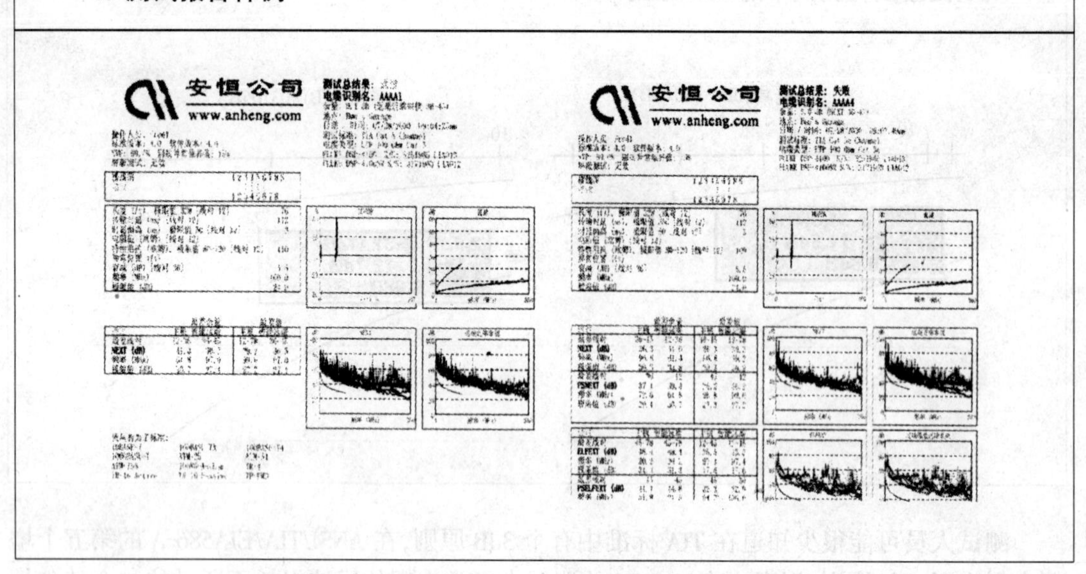

安恒公司
www.anheng.com
测试总结果：成功
电缆识别名：AAAA1

安恒公司
www.anheng.com
测试总结果：失败
电缆识别名：AAAA4

报告主要包括报头部分和数据部分。其中报头部分包括操作人员、操作地点、操作时间和日期、操作仪器及产品序列号、所选标准及电缆类型以及被测链路的标识和测试的综合结果。数据部分包括按标准所测出的所有的参数的最差情况，包括最差情况产生的频率点、在该频率点的标准值和测试值。如果报告中包含了图形数据部分则更有利于我们对被测链路数据的管理和保存，我们将永久拥有这条链路整个频率段内的详细数据，包括了时域的故障定位和链路的重认证功能。

第三章　光纤测试技术

主要内容：

- 光纤的验证测试与认证测试
- 光纤认证测试的主要参数
- 光纤测试的国际标准
- 光纤认证测试的方法
- 光纤测试的常用工具

目的：了解光纤测试标准的内容，学会独立计算光纤链路极限值，掌握光纤的测试技巧。了解基本的光纤知识。

第一节 光纤现场认证测试的参数

内容：

- 了解认证测试与验证测试的区别。
- 了解光纤认证测试所需要面对的问题。
- 了解在光纤现场认证测试中需要测试的参数。
- 光纤损耗的含义以及对实际传输性能的影响。
- 产生光纤损耗的原因。

一、光缆测试的需求

- 验证测试
- 认证测试
- 文档处理

对文档处理的需求也有从简单到复杂等多种层次

不同的需求层次需要不同功能的测试工具

不论用户的需求如何,对测试工具的基本要求是不变的

- 经济实用(低价格,坚固,易用……)
- 性能优良(准确测试链路质量)

光纤链路检测的主要目的是保证系统连接的质量,减少故障因素以及存在故障时找出光纤链路的故障点。和铜缆链路的测试一样,光纤链路的测试也分为验证测试和认证测试两类。

光纤链路的验证测试一般用于快速检测光纤的通断、观察光纤端接面的制作质量和施工时用来分辨所使用的光纤。主要通过目测法和光纤显微镜来实现,这种方法虽然简便,但它不能定量测量光纤的衰减和光纤的断点。

光纤链路的认证测试一般使用光功率计和稳定光源对光纤链路进行定量测量,可测出光纤链路损耗值,以及是否符合国际标准的规定。这种测量可用于对光纤网络进行评价。

二、光缆认证测试的挑战

- 光缆链路非常关键,比铜缆更脆弱
- 20 多种局域网应用标准
- 多种光缆,多种波长,多种光源以及双方向测试
- 多种类型的光缆连接器(MT-RJ,ST,VF-45,LC....)
- 光缆很容易受到不洁的影响
- 千兆以太网以及新标准的损耗限非常严格
- 很难获得稳定的重要性很高的结果,即使是有经验的工程师

光纤链路主要用于网络的主干线,传输速率更快,所以对它的认证测试更为严格。由于光纤链路本身具有的一些特性,如:比铜缆更多的网络应用标准、光纤的种类(单模和多模)、多个工作波长(850nm、1300nm、1310nm 和 1550nm)、使用多种光源(LED、Laser 和 VCSEL)、光纤连接器的种类很多以及光纤链路更容易受到施工工艺好坏的影响等原因,都使得光纤链路的现场认证测试要比双绞线的测试考虑的因素更多。同时,千兆以太网的新标准对损耗限度的测试要求更为严格,如果选用设备稍有不当就会造成测试结果的不准确,使测试完全失去了意义。此外,由于连接器的每次连接和光纤的弯曲程度都会改变链路的损耗,所以很难获得稳定的测试结果。这些都是我们在光纤链路认证测试过程中需要仔细考虑的。

三、要测试的参数

- 光纤的重要参数

→ 损耗

→ 色散

→ 带宽

→ 数值孔径……

- 现场测试的参数

→ 光学连通性

→ 长度

→ 损耗

在光纤的测试中,包括了对光纤尺寸参数、光纤的机械性能、光纤的光学性能和传输特性等几方面的测试,其中我们最关注的是光纤的光学性能和传输特性。在光纤的光学性能和传输特性中包括了光学连续性、损耗、色散、偏振模色散、截止波长、模场直径、有效面积和数值孔径等多个参数,而其中色散、偏振模色散、截止波长、模场直径、有效面积和数值孔径等参数是由生产厂家给定的,它们是光纤的固有特性,在施工当中不会随施工工艺的好坏对链路传输质量产生影响;而损耗这个参数就不同了,它会因为施工工艺的差别和现场环境的不同在数值上发生很大的变化,所以我们在光纤的现场测试中只需要对光纤的连续性、链路长度和光纤损耗这三个参数进行测试。

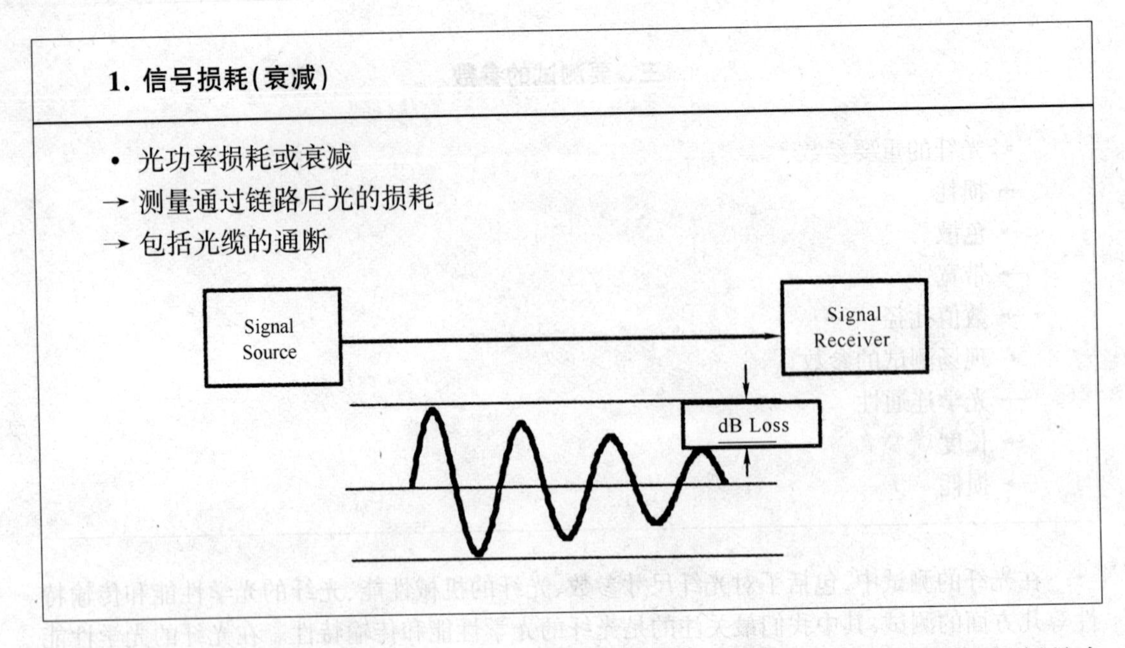

光功率的损耗和双绞线的衰减定义相似,是指光信号在光缆中能量的损耗。损耗是光纤通信链路的一个重要的传输参数,它的单位是分贝(dB)。它表明了光纤通信链路对光能的传输损耗(传导特性),其对光纤质量的评定和确定光纤通信系统的中继距离起到决定性的作用。光信号在光纤中传播时,平均光功率延光纤长度方向成指数规律减少。在一根光纤网线中,从发送端到接收端之间存在的损耗越大,两者间可能传输的最大距离就越短。损耗对所有种类的网线系统在传输速度和传输距离上都产生负面的影响,双绞线在传输电信号时还要受到外界电磁干扰和自身线对间的串扰等因素的影响,而光纤中由于传送的是光信号,光纤传输中不存在串扰、EMI、RFI 等问题,所以光纤传输对损耗的反应特别敏感。

2. 光纤链路损耗的原因

- 光纤的材料

→ 纯度

→ 材料密度的变化

→ 本征

- 光纤的弯曲程度

→ 宏观弯曲(安装问题)

→ 微弯(产品制造问题)

- 光纤接合以及连接的耦合损耗
- 不洁或连接质量不良

光纤链路中有很多因素可以导致损耗发生。除了材料问题外,施工的质量也直接影响光纤链路的损耗。

在光纤的生产过程中,选用的材料的纯度、掺杂的杂质的种类和数量、光纤芯层和包层折射率的比例以及生产中受环境变化因素而产生的光纤表面细小弯曲,都会对光纤的损耗产生影响。

在光纤链路的施工过程中,施工工艺的好坏也对链路的性能产生很大的影响。光纤结合点的连接工艺、耦合的好坏、光纤截面的洁净程度、光纤的弯曲角度等因素都会在很大程度上引起损耗。

2.1 光纤链路损耗的原因(1)

- 光缆熔接不良(有空气)
- 光缆断裂或受到挤压
- 接头处抛光不良
- 接头处接触不良
- 核心直径不匹配
- 填充物直径不匹配

引起光缆故障的因素很多,像光缆在施工过程中的损伤,两种光纤在连接时产生的不匹配等等,都会造成光在光缆中传输时能量的极大损失。

2.2 光纤链路损耗的原因(2)——弯曲

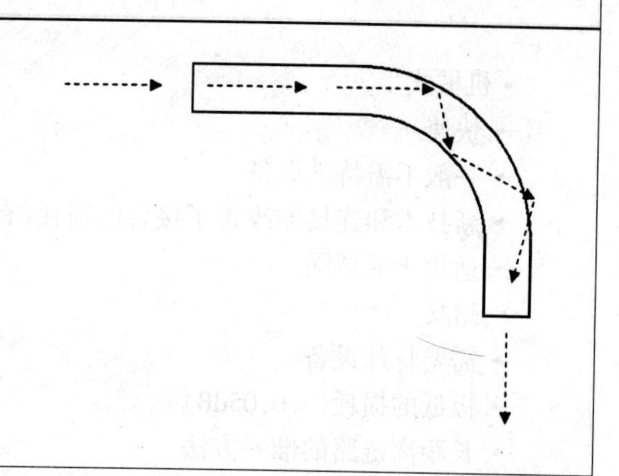

- 光缆对弯曲非常敏感
- 如果弯曲半径大于2倍的光缆外径,大部分光保留在光缆核心内
- 单模光缆比多模光缆更敏感

光纤的弯曲会影响光的传输,如果光纤弯曲的角度比较大,有可能会破坏光在光纤中的全反射,导致光从芯层中逃逸出来,从而产生额外的损耗。我们可以通过损耗测试来看到光缆对弯曲的敏感程度。所以在光纤的施工过程中一定小心,要按照标准规定的光纤所允许的最大弯曲半径来施工。当弯曲半径大于光缆外径10倍时,因弯曲引起的损耗就可以忽略不计了。

2.3　光纤链路损耗的原因(3)——光缆的接合

• 机械式

→ 快速

→ 一般不需特殊设备

→ 新技术和连接器改善了接合的损耗(有些已经 <0.1dB)

→ 适用于局域网

• 熔接

→ 需要特殊设备

→ 极低的损耗(<0.05dB)

→ 长距离链路的惟一方法

→ 热熔(放电的方法)

→ 冷熔(化学方法)

光纤的接合分为两种:机械式和熔接。两者各有优缺点。

机械式连接是利用各种光纤连接器件将站点与站点或站点与光缆连接起来的一种方法。这种方法灵活、简单、方便、可靠,多用于建筑物内的计算机网络布线中设备间、设备与仪表间、设备与光纤间以及光纤与光纤间的非永久性固定连接,是光纤通信系统中不可缺少的无源器件。

熔接分为热熔和冷熔两种方式:冷熔主要是用机械和化学的方法,将两根光纤固定并粘接在一起。这种方法的主要特点是连接迅速可靠,但是连接点长期使用会不稳定,衰减也会大幅度增加,所以只能短时间内应急用。热熔连接是用放电的方法将两根光纤的连接点熔化并连接在一起。一般用在长途接续、永久或半永久固定连接。其主要特点是连接衰减在所有的连接方法中最低。但连接时,需要专用设备(熔接机)和专业人员进行操作,而且连接点也需要专用容器保护起来。

2.3.1 光纤连接器的类型及使用方式

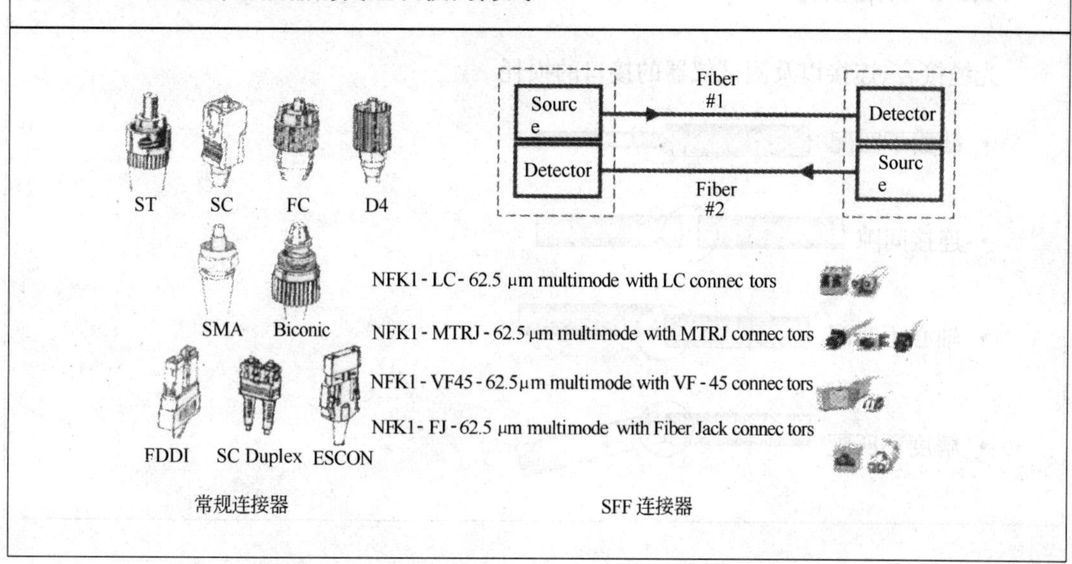

传统的光纤链路连接器主要是 ST、SC 或者 FC 等连接器，目前它们仍然在大量使用。这些光纤的连接方式简单方便，所连接的每条光纤都是可以独立使用的。

但是，在连接光纤时都是成对儿使用的，即一根用于输出，一根用于输入，例如路由器和交换机的光纤连接。如果在使用时能够成对一块儿使用，而不用考虑连接的方向，而且连接简捷方便，那将会有助于网络的连接。同时，传统的 SC、ST 等连接器都比相应的连接铜导线的 RJ-45 连接器占更多的空间，这就使多媒体面板显得拥挤，而且在同样的接线柜和设备间中连接的光纤数目要比可以连接的铜导线数目少的多。开发小型化连接器的目标就是研制出一种封装结构与 RJ-45 型连接器一样的光纤连接器。在 2001 年初发布的 EIA/TIA-568-B.3中，已经推荐使用小型化连接器。目前比较流行的小型化连接器有 AVAYA 公司的 LC 型连接器、Panduit 公司的 FJ 型连接器、AMP 公司的 MT-RJ 型连接器和 3M 公司的 VF-45 型连接器。

2.3.2 耦合损耗

光缆接合、连接以及测试仪器的接口的损耗

- 截面不匹配 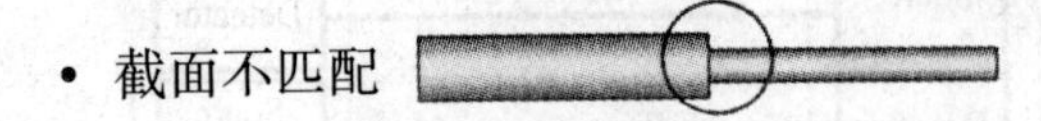
- 连接间隙 
- 轴心不匹配 
- 解度不匹配 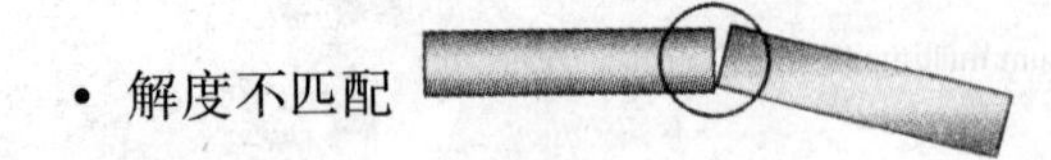

光纤耦合所产生的损耗主要来自于几个方面：

截面不匹配，如把 62.5μm 的多模光纤和 50μm 的多模光纤连接在一起使用，就会因为截面不匹配而使得线路中的信号从两种光纤的接口处“逃逸”出一部分，造成的光信号的损耗。同样的道理，连接间隙、轴心不匹配、角度不匹配、截面打磨不平滑都会造成光信号的损耗。

2.4 光纤链路损耗的原因(4)——连接不洁净

- 低损耗光缆的大敌是不洁净的连接

→ 灰尘阻碍光传输

→ 手指的油污影响光传输

→ 不洁净光缆连接器可扩散至其他连接器

- 每次连接时要清洁
- 使用光缆检测器(Fiber Scope)检查连接头表面的清洁

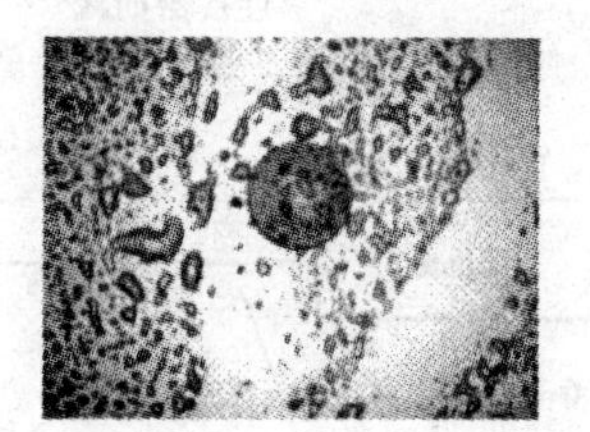

如果你测试了一条光纤链路没有通过,可能只要清洁一下连接器的接头表面就可以测试通过了。因为接头表面的灰尘、油污等会对光产生散射,导致光损耗的增加。而且这个原因是测试不通过的常发原因。

Fluke 公司的光缆检测器可以帮用户来察看连接头表面的光洁度。

光纤链路的损耗

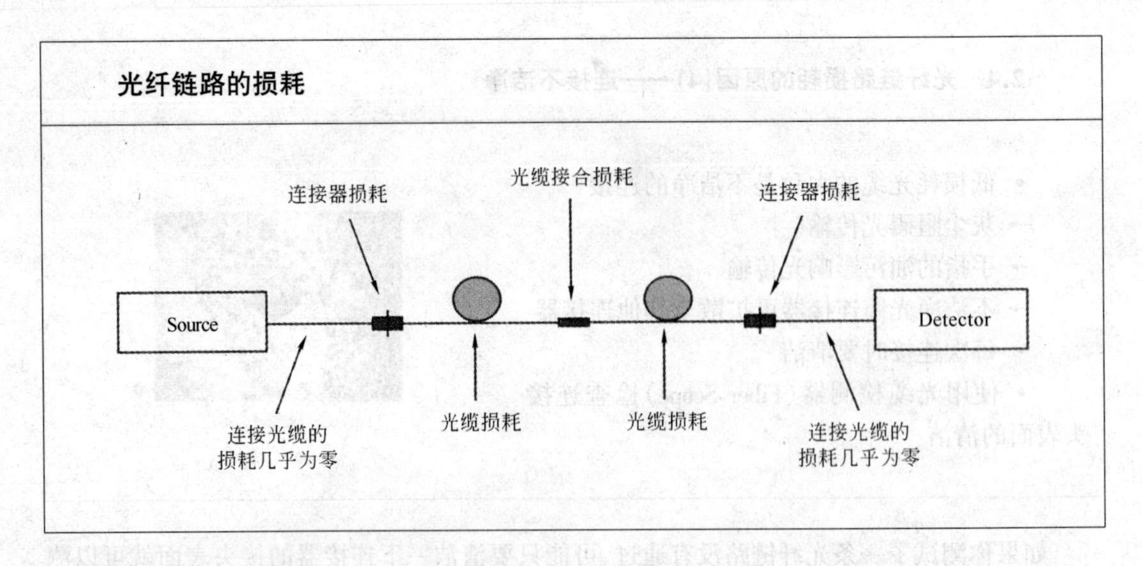

在实际当中，我们把前面所讲的种种产生损耗因素归结为三个方面：光纤本身、连接器和熔接点所造成的损耗。光纤越长，连接点和接合点越多则损耗越大，如果有坏的光缆、连接头等则损耗大于正常情况。如果损耗过高，信号抵达接收端过小就会导致通讯不可靠，所以必须检测安装链路的损耗以确保可靠的传输。

第二节　光纤网络和光纤标准

目的：

- 了解光纤网络应用标准和光纤元件标准。
- 掌握千兆以太网的两种标准。
- 掌握 TIA/EIA-568-B.3 中所规定的各项元件极限值。
- 独立计算光纤链路损耗极限值。

一、光纤链路的测试标准

• 光纤元件标准

→ 与应用无关的光纤链路的标准

→ 基于光纤长度,适配器以及接合的可变标准

→ 例如:TIA/EIA 568B,ISO11801

• LAN 应用标准

→ 通过安装光纤特定应用的标准

→ 每种应用的测试标准是固定的

→ 例如:10BASE-FL,Token Ring, 100BASE-FX,1000BASE-SX,1000BASE-LX,ATM,Fiber Channel

和双绞线的测试一样,光纤链路的测试标准也分为两大类。

第一类标准是光纤元件的标准,这是一种只考虑元件本身性能而不考虑其应用的标准。通过对组成光纤链路的元件制定相应的损耗极限值,在测试时依据实际链路中各元件所占数量进行计算求出损耗最大值。目前国际上承认的标准主要有美国的 TIA/EIA-568-B 和欧洲的 ISO 11801 标准。

第二类标准为光纤局域网中特定的网络应用标准,对每种光纤网络规定了在不同工作波长下的损耗极限值和最远传输距离。多数网络应用都定义了物理层的规范,其中就有布线性能的要求。有时我们也需要参考应用中的需求来决定布线的性能是否够用。

二、千兆以太网中的两种规范

- 1000Base-LX　长波长
→ 长波长激光光源（1270 ~ 1350nm）
→ 用于多模光纤系统和单模光纤系统
- 1000Base-SX　短波长
→ 短波长激光光源（770 ~ 860nm）
→ 仅用于多模光纤系统
- 1000Base-LH

IEEE802.3z 千兆以太网标准包括五个物理层的规定，三个是光缆介质，两个是屏蔽铜缆介质。1000BASE-SX（“S”表示短波长）定义了使用850nm 激光在多模或单模光缆介质上的标准。1000BASE-LX（“L”表示长波长）是使用1350nm 激光在多模或单模光缆介质上的光缆信道信号的标准。1000BASE-LH 是长距离的标准，为城域网而制定。

1000Base-SX 和 1000Base-LX 系统

	Fiber Type	Modal Bandwidth (MHz.km)	Range (m)	Link Loss (dB)
1000BaseSX	62.5MM	160	220	2.33
		200	275	2.53
	50 MM	400	500	3.25
		500	550	3.43
1000BaseLX	62.5MM*	500	500	2.32
	50 MM*	400	550	2.32
		500	550	2.32
	SM	N/A	5000	4.5

千兆网的一个主要优势之一是其基于现存的技术而建立的,而所带来的一个危险是传统的测试和认证方法将不适合千兆的速度。特别要注意的是损耗的限制值,千兆网所允许的光缆链路的损耗比 10M 或 100M 严格的多。以往,绝大多数的局域网光缆连路可以通过认证测试且损耗的余量高于 5 ~ 10dB。对于 1000BASE-SX 以及 1000BASE-LX 来说,实际链路的损耗限是 7.5dB,但是这需要同时考虑衰减以及散射的影响。如果考虑散射的因素,千兆网的损耗的限制低至 2.35dB。由于每个连接器的典型损耗为 0.5 ~ 0.75dB,即使安装施工非常好,也可能非常接近标准线,所以需要高精度的测试方法,从而避免将在标准之内的链路判定为认证失败。

三、TIA/EIA 568B 标准

- Cable—电缆

→ Maximum fiber loss per km（at 850 nm） 3.5dB

→ Maximum fiber loss per km（at 1300 nm） 1.5dB

→ Maximum fiber loss per km（at 1310 nm） 1.0dB

→ Maximum fiber loss per km（at 1550 nm） 1.0dB

- Connections(Duplex SC or ST)—连接器

→ Maximum adapter loss： 0.75dB

→ Maximum splice loss： 0.3dB

- Link Lengths(backbone)—链路长度

→ Segment HC-IC IC-MC

→ 62.5/125 Multimode 500 m 1500 m

→ 50/125 Multimode （under proposal）

→ 8/125 Singlemode 500 m 2500 m

TIA/EIA 568B 标准制定了光纤链路中各部件的性能和链路长度的极限值。对于光纤本身，根据多模光纤和单模光纤在不同的工作波长下规定了不同的损耗极限值，单位为 dB/km。对于连接器和熔接点也同样规定了各自的损耗极限值，单位 dB/个。链路整体性能的极限值由组成链路的各个部分综合的结果。我们依据 TIA 的标准进行现场的测试。

四、损耗限的计算

链路衰减 = 光缆衰减 + 接头衰减 + 熔接衰减

光缆衰减 = 3.5dB

接头衰减 = 2 × 0.75dB = 1.5dB

熔接衰减 = 0

链路衰减 = 3.5dB + 1.5dB = 5dB

设计任何光纤链路时,都可以利用光纤本身及接插件的性能来确定损耗预算或者期望的链路性能。各部分损耗相加到一起,就建立了一个特定链路的损耗极限值。

上面的例子为一条长度为 1km,有 2 个连接器,工作在 850nm 波长的多模光纤链路损耗极限值的计算方法。

五、局域网光纤测试标准的发展方向(1)
TIA TR-42.8Action on Testing • 制定文件说明测试以及解释正确的测试步骤 → TSB140,补充说明光缆系统的现场测试长度,损耗和方向性 → 说明使用损耗测试(OLTS),OTDR和视觉故障定位仪(VFL)在现场测试长度,损耗和方向

随着光纤网络传输速率的飞速提升,原有的光纤测试标准已经渐渐不能满足现在的测试需求。TIA/EIA组织也意识到了这一点,最近TIA组织下的TR-42.8子委员会发布了一个通告TSB140,作为对现有光纤测试方法的一个推荐性补充。

局域网光纤测试标准的发展方向(2)

建议两个级别(Two tier)的测试

- 级别一:OLTS

→ 按照 TIA-526-14A 和 TIA-526-7 测试

→ 使用 OLTS 或 VFL 验证极性

- 级别二:级别一再加上 OTDR 曲线

→ 证明光缆的安装没有使性能下降的问题(例如弯曲,连接头,熔接问题)

在这个通告中,考虑到在高速的光纤网络中,尤其是在今后万兆以太网中,对光缆链路的最大损耗和传输距离要求得更严格,需要我们在测试中要对更多的细节加以注意。TSB140 通告中推荐了两个级别的测试,即在原有测试方法的基础上增加了使用 OTDR 对链路整体性能曲线的测试。这样使我们可以准确地了解到链路中每一个事件(例如光纤质量、弯曲、连接器、熔接)的情况。

第三节　光纤现场认证测试的方法

目的：

- 理解 dB 和 dB_m 的含义。
- 了解光损耗和功率的关系。
- 为什么要测量参照值，以及参照值的测量方法。

一、光纤链路测量

- 光功率——以 1mW 为参考的光功率绝对测量值
- 衰减(损耗)——光缆的损耗量,相对的读数

一个依据 TIA 标准的光纤链路并没有像 IEEE 那样要求光功率和散射。但光纤的组成,光缆,链路长度和损耗极限值这些因素越来越多的受到了重视。

对光纤工程最基本的测试是在 EIA 的 FOTP-95 标准中定义的光功率测试,它确定了通过光纤传输的信号的强度,还是损失测试的基础。测试时把光源放在光纤的一端,把光功率计放在光纤的另一端,用光功率计来测试光源发出的信号到达接收端的强度。

二、两个重要概念

- dB(分贝)
- dB_m

dB是信号增加或者减少的量度,来自发送功率和接收功率的比值。正分贝表示功率的增加,负分贝表示功率的损耗。如果把分贝与信号损耗做对比的话,每-3dB就会使原来的信号衰减一半。

dB_m 用于表示低于1mW的分贝值。这是以1mW作为传输基准的功率损耗的量度。举一个简单的例子,如果接收1mW的功率信号,那么损耗就是 $0dB_m$;如果接收0.001mW的功率信号,那么就有 $-30dB_m$ 的损耗。

三、光损耗和功率的关系

损　耗 (dB)	功率损耗 (%)	接收的功率 (%)	损　耗 (dB)	功率损耗 (%)	接收的功率 (%)
3	50	50	30	99.9	0.1
10	90	10	40	99.99	0.01
20	99	1	50	99.999	0.001

- 分贝测量表示

→ 非线性,对数标尺

- 每 3dB,接收的功率下降 2 倍
- 每 10dB,接收功率下降 10 倍

这个表类似于先前讨论的 UTP 衰减测试。值得注意的是,当衰减达到 30 或 40dB 时,光的能量已经损失掉很大一部分了,这时在接收端已经很难准确地接收光信号。由此也可粗略的判断光纤的通断。

1. 损耗测量是测量功率的差

- 测量无被测光缆时的功率(参考值)

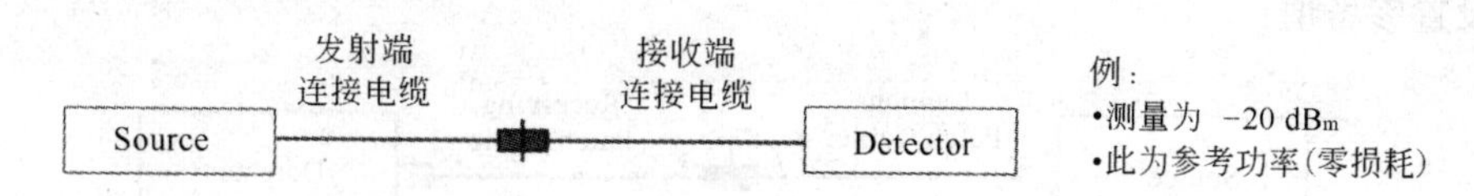

- 连接被测光缆后重新测量(增加了一个适配器)

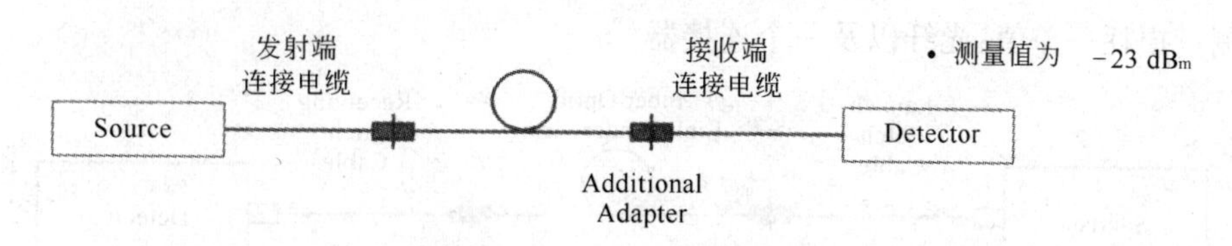

- 损耗是测量的差值(本例为 3dB)

由于在光纤链路中连接器的每次连接所产生的损耗都有可能不同,而且光纤的弯曲程度的不同也会改变损耗值,所以在光纤测试中想要得到一个稳定的准确的结果是很困难的。为了解决这个问题,TIA/EIA 568-B 规定首先要使用参照测试光纤测量基准值,建立基准值后将光纤链路接入来测试它同基准值之间的差别,这是测量光功率损耗的基本原理。

测试过程首先应将光源和光功率计分别连接到参照测试光纤的两端,以参照测试光纤作为一个基准,对照它来度量信号在安装的光纤路径上的损失。在参照测试光纤上测量了光源功率之后,取下光功率计,将参照测试光纤连同光源连接到要测试的光纤的另一端,而将光功率计连到另一端。测试完成后将两个测试结果相比较,就可以计算出实际链路的信号损失。这种测试有效的测量了在光纤中和参照测试光纤所连接的连接器上的损失量。

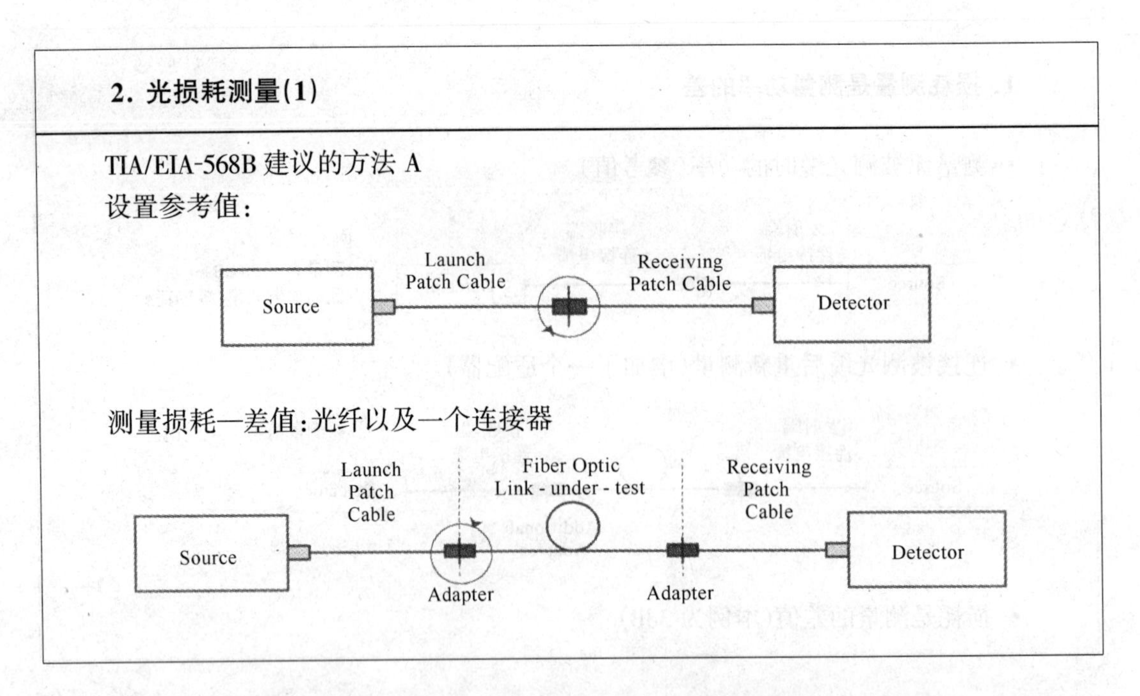

方法 A 是用来测试这种光缆链路,其全部的损耗主要是由光缆本身造成的,而不包括连接器的损耗。这通常是电信部门的网络情况。方法 A 使用两条用户连接光缆和一个连接适配器连接至被测的光缆链路。两条连接光缆和一个连接适配器作为参考值在测试中排除出去。测试结果包括了被测光缆链路的损耗以及一个连接器的损耗。

这种方法一直是电信部门测试长距离光缆链路的有效的方法,而对室内光缆链路测试来说其精度不足。因为网络实际工作在有损耗的光缆以及两端的连接器。方法 A 在测试光功率损耗时打了折扣,因为它只包括了一个连接头。对长距离光缆链路来说,这不是问题,因为损耗的主要贡献是光缆本身而不是连接器。然而对室内的应用来说,光缆的长度非常短,其本身的损耗是非常小的。损耗的主要问题是光缆链路两端的连接器。光缆链路的损耗测试随着应用的要求越来越严格,例如千兆以太网要求测试整个链路的损耗。这就是为什么用新的方法 B。

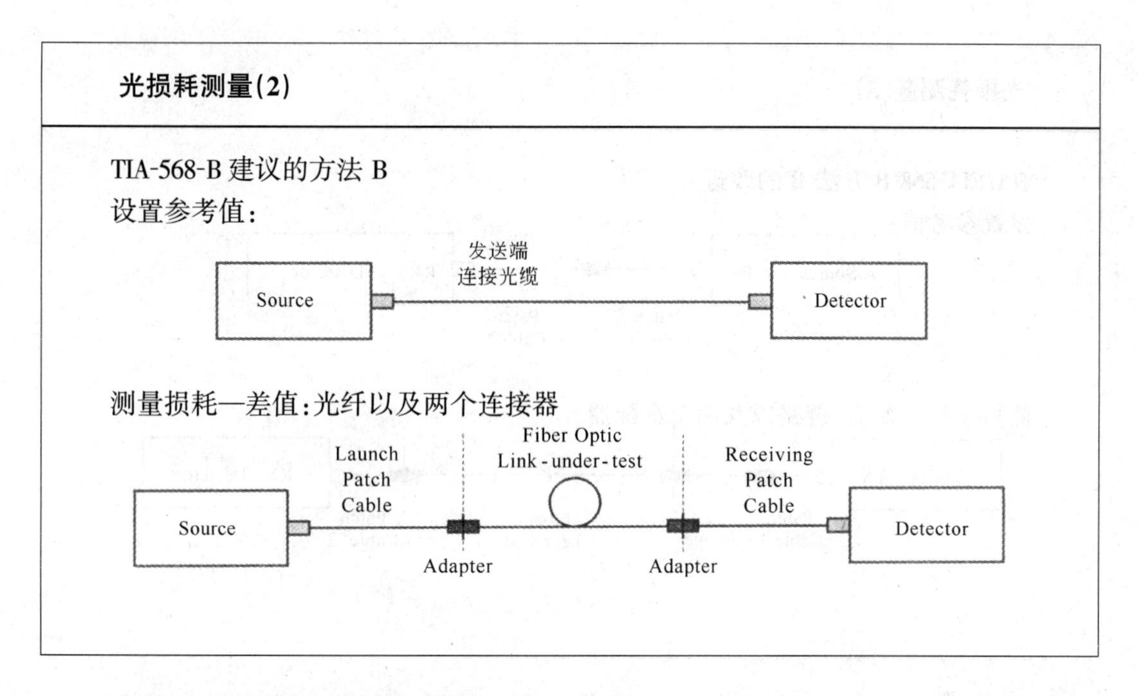

方法 B 是用来测试光缆链路,其连接器的损耗是整个损耗的重要部分。这就是室内光缆的例子。方法 B 的参考设置步骤使用一条连接光缆测试每条光缆链路。

因为只有一条连接光缆(每个链路)作为参考部分,测试结果包括被测光缆本身的损耗以及两端的连接器。从技术角度讲,它还包括了额外的连接光缆的损耗,但是其长度非常短,损耗可以忽略不计。对室内光缆网络,这种方法提供了精确的光缆链路测试,因为它包括了光缆本身以及电缆两端的连接器。然而,当使用方法 B 时,要知道其不足之处:当从参考设置转换至测试设置时,需要将测试仪一端的连接光缆断开。非常重要的是千万不要断开输出或光源一端。如果断开该连接,原来设置的参考值就丢失了,不重新进行参考设置就会严重影响测试的结果。不幸的是,经常有人轻易地断开源(输出)端而不是断开测试(输入)端。虽然必须从测试仪测试(输入)端断开连接电缆,仍然需要非常小心,避免接头处受到污染或检测器受到损坏。为了测试发送和接收在同一连接器的 SFF 连接器,你必须从源(输出)端断开,从而违反了正确的参考和测试步骤。使用方法 B 要求你的测试仪连接器必须和被测光缆的连接器相同。

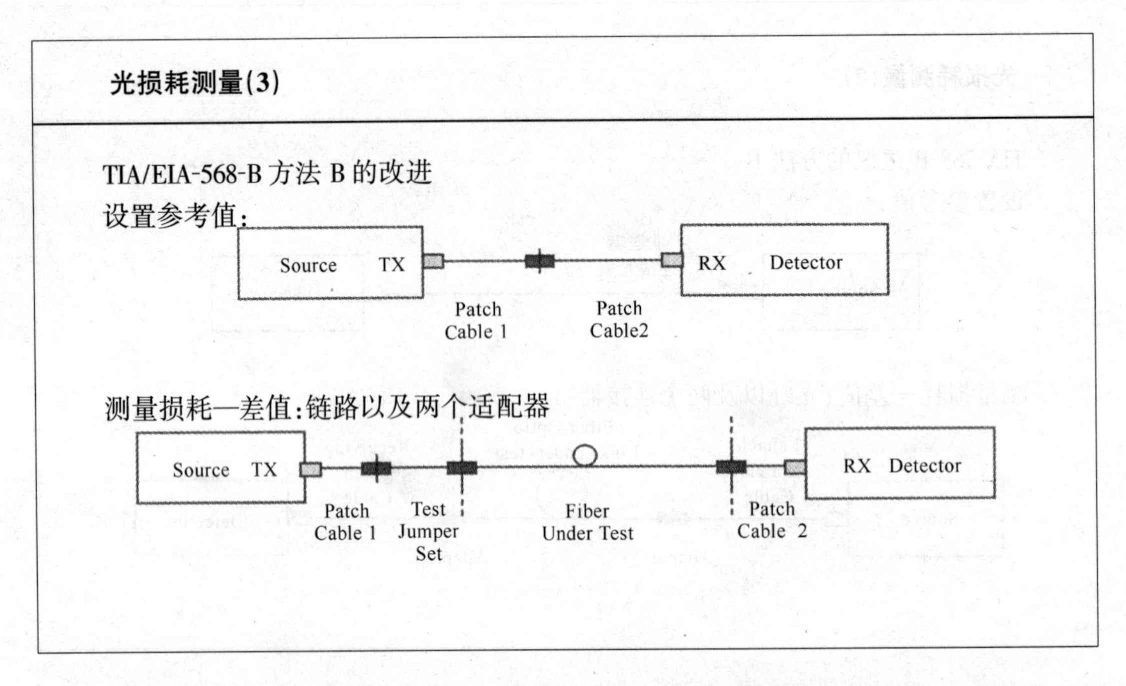

方法 B 的简单改进使得我们能够保持原来的精度(每次测量都包括光缆以及两端的接头),但是避免了主要的缺陷。这种改进方法的参考步骤是使用两条连接光缆和一个连接适配器对每条被测光缆完成测试的。然而,测试的步骤是新的。测试步骤包括了额外的带连接器的一小短测试跳线,这样测试的结果和方法 B 获得的结果将不一样。就像方法 B 一样,结果包括光缆损坏以及两端的连接器,两条连接光缆以及每条链路的连接器从参考设置中排除出去。

改进的方法 B 比原来的方法 B 提供了几个关键的好处,并且保持了其一致性:改进的方法 B 所得到的损坏测量结果和 ANSI/TIA/EIA-526-14A 中的方法 B 是一致的。根据方法 B,可以正确地测量链路的损耗,测试的路径比设置参考路径时必须有额外的两个适配器。本文所描述的测试步骤刚好符合这种要求。使用这种方法测量的损耗将是链路中光缆的损耗以及链路两端连接器的损耗。该损耗值正好是网络实际硬件应用中所遇到的值。改进方法 B 使得可以使用不同类型的连接光缆连接测试仪和被测光缆链路。这就可以对使用不同类型的连接器所组成的光缆链路进行一致的测试,包括那些使用微型连接器(SFF)的光缆链路。改进的方法 B 使得不需要在测试仪器端断开连接光缆,从而减少了可能由于重新插入所导致的污染误差或损坏测试仪器的光接口。

3. 损耗测试

- 需要双端设备测试
- 测试：

→ 测试功率以及连接器的损耗

→ 操作简单

- 水平链路单波长测试
- 基于链路双波长测试
- 不能测试：

→ 故障定位

→ 定位损耗的源

我们在这里讨论的测试主要是在距离相对较短的 LAN 上进行，像楼宇间的光纤和大楼内的光纤系统。我们的设备不具有 OTDR 的功能，所以不能故障定位和定位损耗的源。

水平光纤链路多使用多模光纤，由于距离较短（$<90m$），波长的改变对损耗影响不大。在测试水平链路的时候应在一个方向上使用 850nm 或 1300nm 波长进行测试。

基干光纤链路应在一个方向上以两个操作波长进行测试，以便计算与波长有关的衰减。由于基干长度和可能的接头数取决于现场条件，因此应使用链路衰减方程式，根据标准部件的每个应用波长下的损耗值来确定链路损耗极限值。

第四节　光纤测试常用工具

目的：

- 了解光纤测试常用工具及其原理。
- 每种工具的适用范围。
- 三种测试光源的区别。
- OTDR 的使用。

一、光缆测试的常用工具

- 光纤检测工具
- 环路长度测试仪
- 组合式光纤测试工具
- 光纤测试适配器（FTA-4X0S）
- 独立光纤测试工具
- 文档处理工具

常用的光纤测试工具根据不同的需求可以分为以下几部分：

1. 光纤检测工具，主要指用于观察光纤连接端面状况的光纤显微镜。

2. 通过增加适当的光纤测试选件，为线缆测试设备提供了光纤测试能力，这种组合式光纤测试工具拥有对双绞线和光纤的测试能力。

3. 针对于系统中所使用的不同类型光源和光纤，选取正确的光纤测试适配器，能够使您的光纤测试结果更加准确。

4. 由光源和光功率计组成的光损耗测试仪与光时域反射计都可以独立的对光纤链路进行测试。

5. 作为光纤认证测试的一部分，为客户提供一份完整的测试报告显得尤为重要。一套功能完善的报告软件也是我们在光纤测试中必不可少的工具。

1. 测试工具——光缆检测表

- 检测光缆端点(插头和插座)的洁净和抛光度
- 80%以上的安装商使用
- 光缆故障的70%与光缆的连接有关
- 光缆故障诊断的第一步通常是检查连接处的清洁度
- 注意安全,避免LED光源对眼睛的损害

光纤检测表属于安装测试工具,主要用于光纤链路安装或者故障检测中检查光纤的端面是否洁净和平整,以保障数据的可靠传输,观察光纤的表面光洁度是确保光纤端接质量的首要办法。在光纤的制作过程中,偶然性的因素很多,端面不平整、存有碎玻璃屑、灰尘等等都会对将来链路的性能产生负面作用;同样,网络使用中也必然会有污垢、灰尘和杂质污染接口的端接面,引起额外的损耗,从而导致传输性能的下降。在这些情况下,都需要使用光纤检测仪进行检测。光纤检测仪是网络安装人员和维护人员的必备仪器。

2. 测试工具——FT120/FT140 光纤检测表

- 两种型号

→ FT120(200 倍),主要用于 MM

→ FT140(400 倍),主要用于 SM

- 检测光缆横截面的抛光以及洁净度

→ 光缆连接的不洁净是很多光缆的故障原因

- 内置安全保护可避免 LED 光源的损害

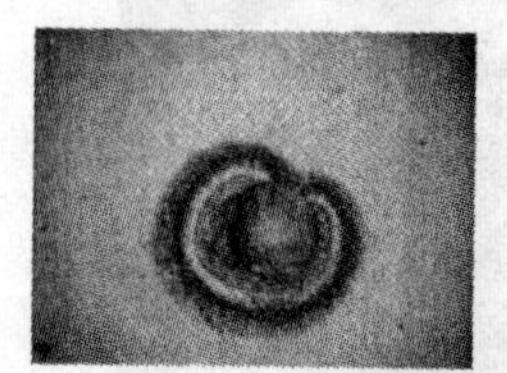

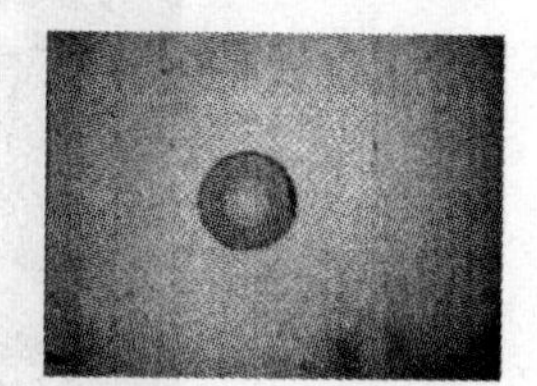

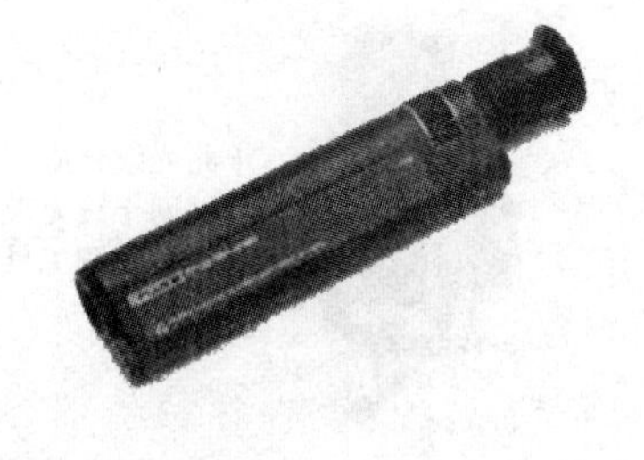

FLUKE 公司的 FT120/FT140 光纤检测仪可确保你的端接已经平滑、干净地连接,以进行可靠的传输。Fluke 网络公司的 FT120 多模光纤检测表以 200 倍放大率检查光缆端面,对于单模光纤的安装,Fluke 网络公司提供 FT140 光缆检测表,它有 400 倍放大率。这两种检测表都包括一个特殊安全滤波器,它可以过滤有害红外光,从而保护你的眼睛。

3. 测试工具——FT300 光缆视频检测表

- 光缆配线架/网络设备以及电缆连接器的检测(一般无法接触的位置)
- 安全—避免了可能的对眼睛的损伤
- 简单迅速

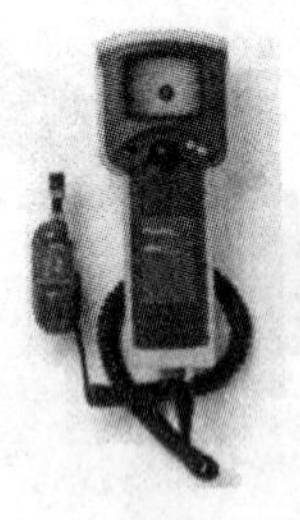

千兆光缆介质。
广域网干线光缆
之必备检测工具

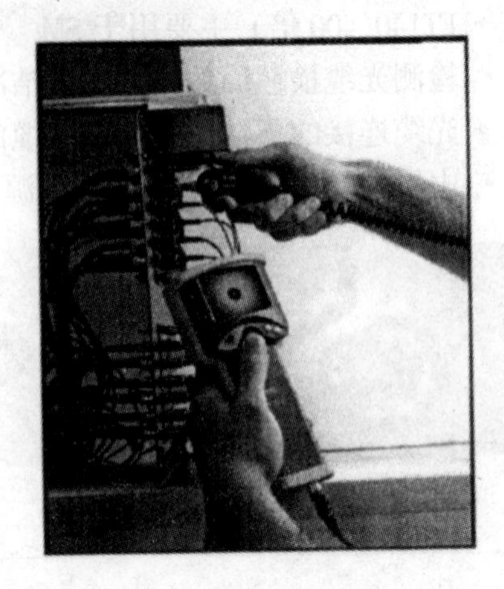

FT300 光纤探测器为保证光缆链路高速数据传输而设计,可以方便检测安装于配线架和硬件设备上的连接器。如果使用普通的光纤显微镜,我们必须首先从面板后面把光纤拆下来,才可以进行检测。而且光纤中有可能正在传输一些信号,这些信号会严重的伤害我们的眼睛,所以从安全的角度考虑我们也不能在这种情况下使用普通的光纤显微镜。FT300 光纤探测器包括高放大倍数的光学器件,可以将微小碎片和端接面损伤的清晰图像直接显示到显示屏上面,消除在线检测光纤的危险,而且它的测试速度比传统检测速度快 10 倍。

4. 测试工具——环路长度测试仪

- 为什么要测量长度？
- 使用什么设备测量长度？

对光缆链路的安装和调试来说，长度是一个非常重要的参数。通常使用的光功率计不提供长度测试功能。而使用 OTDR 测试长度价格太昂贵，而且使用起来不是很方便。专用的环路长度测试仪彻底解决了这些问题，在同等精度下价格要比 OTDR 便宜很多，而且使用方便。

5. 测试工具——光损耗测试仪

- 具有稳定输出功率的光源
- 光功率计

光功率损失测试的方法类似于光功率测试,只不过是使用一个标有刻度的光源产生信号,使用一个光功率计来测量实际到达光纤另一端的信号强度。光源和光功率计组合后称为光损失测试仪(OLTS)。

光源和光功率计组成的光损耗测试仪(OLTS)是 TIA/EIA-568-B 标准规定的测量光纤链路损耗的专用仪器。光功率计是测量光纤上传送的信号的强度的设备,用于测量绝对光功率或通过一段光纤的光功率相对损耗。在光纤系统中,测量光功率是最基本的。通过测量发射端机或光网络的绝对功率,一台光功率计就能够评价光端设备的性能。用光功率计与稳定光源组合使用,组成光损耗测试仪,则能够测量连接损耗、检验连续性,并帮助评估光纤链路传输质量。

6. 适用于局域网和城域网的认证级 OTDR

OptiFiber 认证级 OTDR

为安装施工和大型网络用户以及城域网或校园网用户设计的产品。他们需要快速地认证,文档备案以及故障诊断其光缆系统。

- 损耗和长度测试(OLTS)
  → 模拟实际测试整体损耗和长度
- OTDR 曲线测试
  → 显示安装的质量,确保没有弯曲,多余的连接点和连接的一致性
- 视觉检查
  → 显示光缆端接面是否不洁和受到损伤

大型建筑和城市使用光缆的网络正在不断增长—这就要求对光缆进行认证测试。越来越多的局域网和城域网的光缆安装商将会赢得或失去业务,这通常取决于他们是否能够为客户提供所需的认证测试、文档备案和故障诊断能力。

OptiFiber 是为局域网和城域网光缆安装商设计、可以满足最新光缆认证和测试需求的仪器。它将插入损耗和光缆长度测量、OTDR 分析和光缆连接头端接面洁净度检查集成在一台仪器中,提供更高级的光缆认证和故障诊断。随机附带的 Link Ware PC 软件可以管理所有的测试数据,对它们进行文档备案、生成测试报告。OptiFiber 可以让拥有不同经验水平的承包商、私有网络所有者按照工业标准和用户指标对光缆进行认证测试,对短距离光缆进行故障诊断,丰富链路并对所有测试结果进行文档备案。

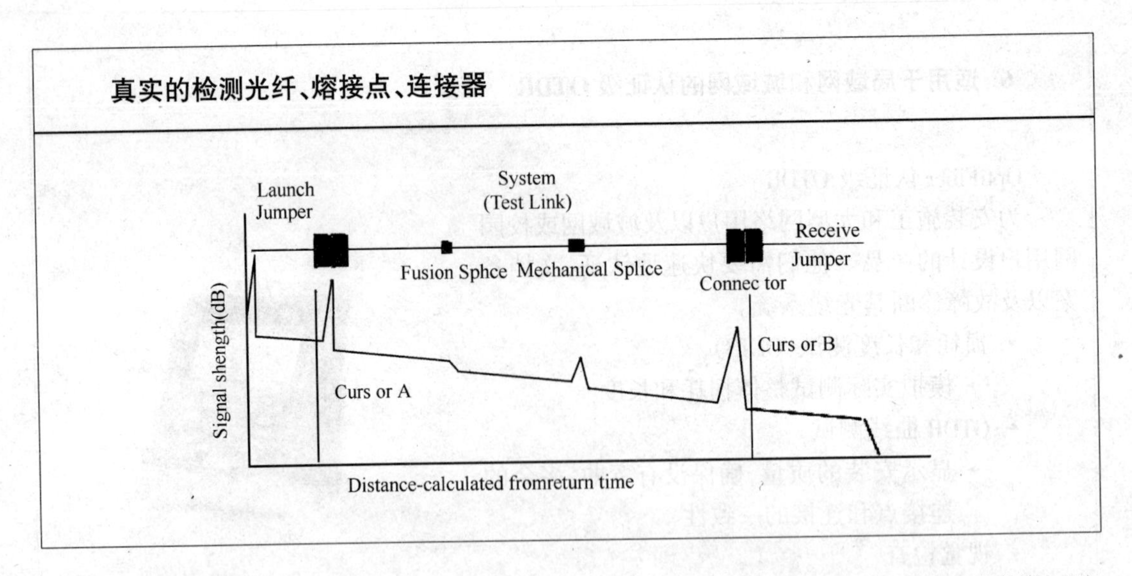

许多人发现 OTDR 图形很难让人理解。正是因为这样，通道图(ChannelMap)功能被开发出来了。OptiFiber 的通道图(ChannelMap)功能将 OTDR 数据表示为简单的图表或图形，显示连接头的位置和数量，无需解释就可看懂。

有了通道图(ChannelMap)您可以：

快速验证链路结构

识别短至 1 米的跳线

使用 LinkWare 电缆测试管理软件对链路图进行文档备案。

250X 光纤显微镜

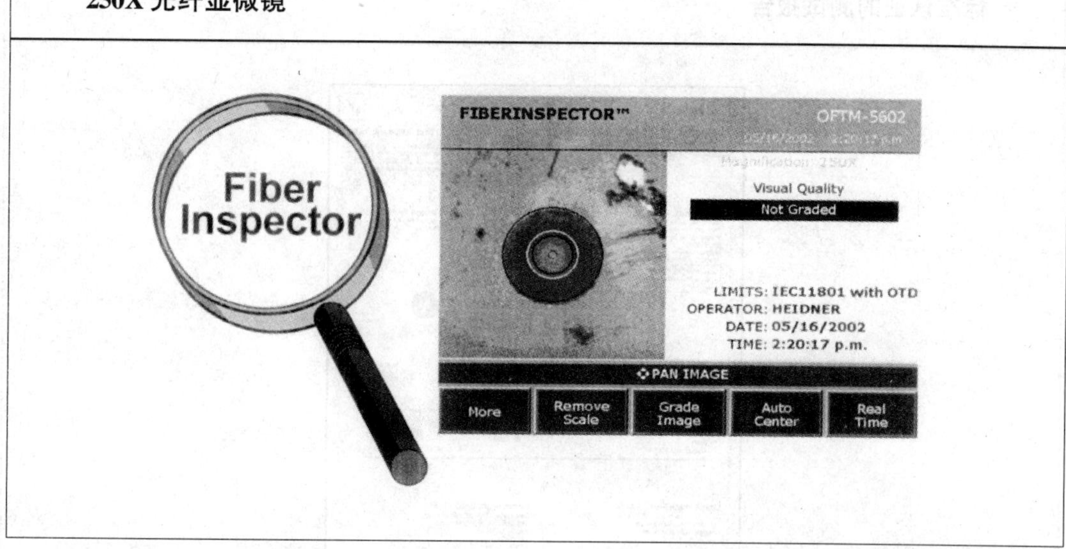

85%以上的光缆故障都是由于光缆端接面的污染造成的。使用 OptiFiber250 倍的视频检查系统就可以方便地查看这些污染。使用 OptiFiber 的视频探头可以直接检查安装在配线架上的光缆,而无需将它从配线架上拔下。探头通过测试头适配器插入,其测试速度快,同时它对您的眼睛更安全。

使用光缆端接面洁净度检查器您可以查看光缆端接面状况。您可以为光缆定义通过(PASS)或失败(FAIL)的级别,并附加注释。您可以根据一种尺寸来确定光缆类型。您还可以保存图象,用于生成认证测试报告和其它文档备案。

标准认证的测试报告

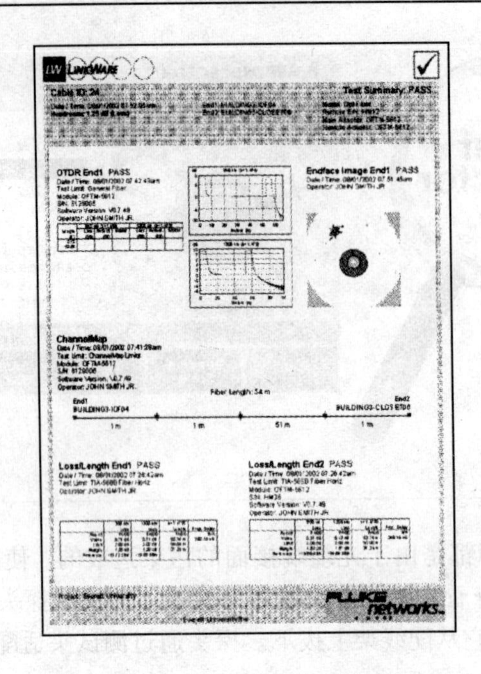

OptiFiber 可以提供世界上信息最丰富、最详细的光缆测试报告(见上图),它的报告可以帮助我们从各个方面详细地了解光缆链路的情况。一份完整的 OptiFiber 的报告包括了以下内容:

通道图(ChannelMap)

光缆链路双端端接面洁净度图像

双方向损耗/长度认证结果

光功率测量

OTDR 测试曲线

二、光源的种类

- 传统光源

→ 发光二极管光源(LED)

→ 激光光源(Laser)

- 新型光源

→ 垂直腔体表面发射激光器[VCSEL (Vertical Cavity Surface Emitting Laser)]

目前在光纤链路测试中所经常使用的光源,与局域网实际应用的光源是一样的,主要有发光二极管光源(LED)、激光光源和新型的垂直腔体表面发射激光光源(VCSEL)三种。

传统的光源主要有LED和传统的激光光源两种。由于LED光源的功率及其散射等性能的缺陷,在短距离的局域网中应用较多,而在长距离的局域网主干中都使用传统的激光光源。

为了满足人们对高性能、低成本的光互联网络的需求,新的激光光源应运而生,这就是被称作VCSEL的激光光源。

1. 激光产品的级别

- Class I —无危险
- Class IIa —观看时间小于 1000s 则安全
- Class II —长期观看有危险
- Class IIIa —直接观看有严重危害
- Class IIIb —直接辐射对眼睛和皮肤有严重伤害
- Class IV —直接观看或散射对眼睛和皮肤有严重伤害

任何情况下都不要用眼睛直视激光光源。

有很多类型的光源被不同的行业利用。这个列表简要描述了不同光源对人类眼睛的危害。通讯上主要应用 Class II 光源。现场人员应当接受相应的安全培训,配备保护装备。

专家建议:在任何情况下,尽可能不要用眼睛注视激光光源,以免受到伤害。此外,有些 LED 光源也对眼睛产生伤害,使用时也应该注意。

2. VCSEL 光源

- 新型半导体激光光源(集成化方面)
- 易于实现二维阵列
- 与多模光纤的耦合率大于 90%

VCSEL 是指垂直腔体表面发射激光器,是一种半导体类型的微激光二极管。它和目前通信设备上使用的传统边沿发光技术不同,它是在晶片上垂直地发光。和传统的激光光源器件相比,VCSEL 激光光源有很多优势:在晶片上的制造效率很高;可以使用标准的制造方法和其他元件一起制造(不需要预先制造);封装以及测试都是在晶片上完成;传输速度高且耗能低,受温度影响小。总之,VCSEL 是一种性能好且制造成本低的新型激光光源。

由于 VCSEL 光源的这些特点,它得到了越来越广泛的应用,特别是在千兆网中的应用。目前很多网络的互联设备,如交换机和路由器,都可以提供 VCSEL 光源的端口,从而使路由器和交换机的价格下降。如今使用最为广泛的是 850mm 的 VCSEL 多模激光光源。

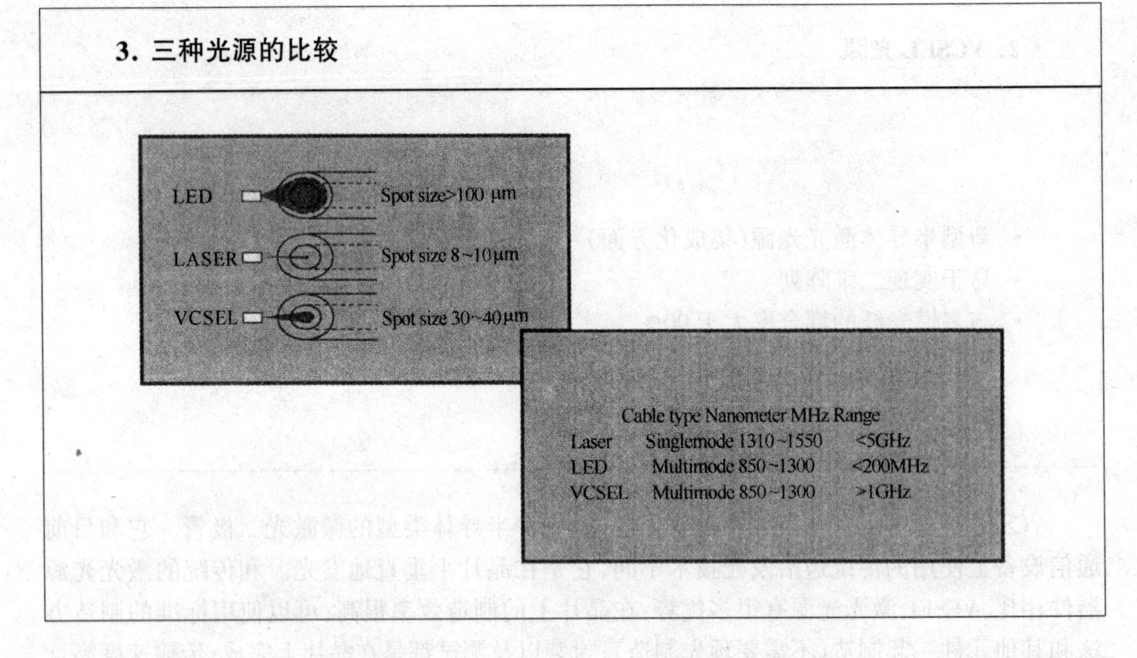

从上面的图可以明显的看出，VCSEL光源在方向性和所支持的最大带宽这两方面的性能都介于LED光源和Laser光源之间；再参考它们在价格、寿命等方面的综合比较就不难发现，VCSEL光源在千兆光纤局域网中比其他两种光源有着更好的性能价格比，这也是目前在局域网中使用VCSEL光源的设备比较流行的原因。

4. 光功率计

- 最基本的测量工具
- 与光源配合使用

光功率计在光测量仪中是最基本的测量仪器，其测定量是光功率。它还是测量光源输出功率及测量各种光纤链路元件损耗等的必不可少的测量仪器。另外，它作为校正其他光测量仪方面的功率标准器也是重要的。

测量的准确性是光功率仪的性能中最基本且最重要的性能。测量准确的校正是用指定的波长、功率水平来进行的。一般校正波长短波长为780nm或850nm，长波长为1300nm或1550nm。校正功率一般是1mW(0dB_m)。现在市场上销售的光功率仪的测量精度，其校正点在±2.5%(±0.1dB)的范围内。

5. 探测器

• 硅探测器:敏感范围 400~1100nm,动态测试范围 +10~ −70dB_m,适用于测试短波长系统

• 锗探测器:敏感范围 800~1600nm,动态测试范围 +10~ −60dB_m,适用于测试长波长系统

• InGaAs:敏感范围 800~1600nm,动态测试范围 +10~ −70dB_m,适用于测试长波长系统,价格昂贵

谈到光功率计,就必须要了解光功率计的探测器。探测器是光功率计接收光信号的部分,它的类型直接关系到光功率计的动态测试范围和工作波长。

目前常见的光功率计所使用的探测器主要有:硅探测器、锗探测器、InGaAs(铟镓化砷)探测器三种,它们的区别主要在于动态测试范围和工作波长不同。其中 InGaAs 探测器由于探测精度高,所以价格昂贵,只有在高档光功率计中才用到它。

6. 动态范围

- 光功率计的重要参数
- 不同的应用动态范围不同

→ 局域网 + 5 ~ − 55dB_m

→ CATV + 30 ~ − 30dB_m

→ 电信 + 10 ~ − 65dB_m

局域网用户对于仪器的测试范围要求并不是很高,一般选用测试范围为 + 5 ~ − 55dB_m 的光功率计就足够了。

由于电信部门所使用的设备精确度比较高,接收端需要能够准确接收很微弱的信号,所以电信部门在选用光功率计时应选用能够测试微弱信号的光功率计,一般测试范围在 + 10 ~ − 65dBm。

CATV 部门的情况和电信部门的情况比较相似,但是由于 CATV 更注重信号到达客户端的强度,在信号发送端使用了大功率光源和一些放大设备,所以需要选用可承受大功率的光功率计,以免过强的信号使仪器损坏。适用于广播电视部门的光功率计其典型测试范围为 + 30 ~ − 30dB_m 左右,由于提供的测试光源功率不大,也可以与系统中的原有光源搭配使用。

经常有一些人会问这样一个问题:“你们的测试仪可以测量多远距离?”其实测试仪可以测试的距离是由它的动态测试范围决定的,只要接收端接收的信号强度在测试仪的动态范围之内,不管光纤的距离有多远,都可以测试到结果。

7. 测量光功率损耗

FIBER TESTING
Multimode 850 nm A-B
PASS

Loss 0.78 dB
Limit 9.00 dB

Reference -20.00 dBm
02/27/00 08:22:10am

Set Ref | Options | Power | Memory

这是利用 DSP 电缆测试仪加 FTK 测试的结果。可以看到测试波长、测试方向、测试结果、损耗值、极限值以及设定的参考值都已列出。

8. 测试中光源的选用

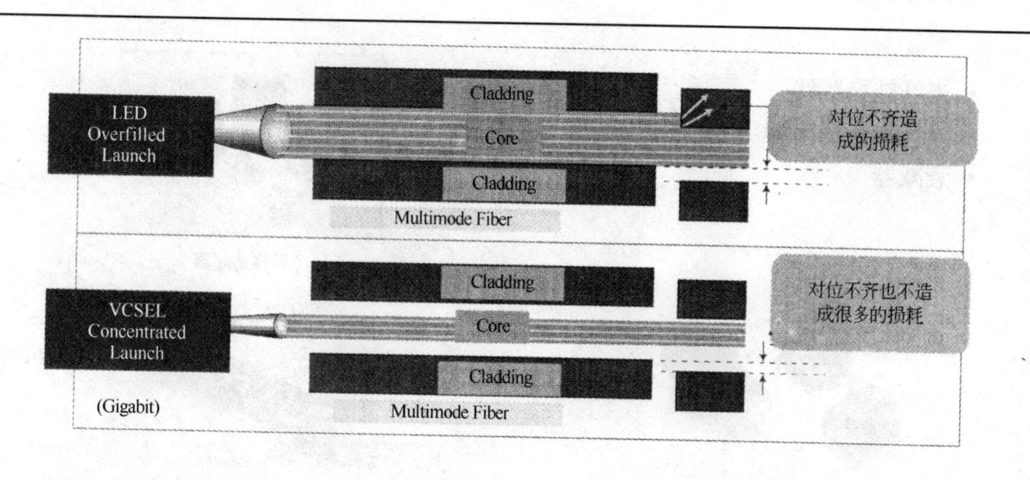

原则:测试与实际应用所使用的光源应一致

当前光纤通信链路中使用的光纤的种类很多;系统中使用的光源也有 LED、VCSEL 以及传统的激光光源,而且光源又有不同的波长;在光纤的测试标准上又有局域网标准和光缆链路的安装标准。基于上述原因,在测试光缆链路时最好是使用和网络设备相一致的光源进行测试。这是因为由于光源不同,它们对光缆链路的性能要求也不相同。很多用户没有注意到这一点,致使测量结果存在着很大的误差。

以上图为例:在实际应用中要求使用 VCSEL 光源,而在现场测试中使用了带 LED 光源的光纤链路测试仪。如果其测试结果为通过,这时使用 VCSEL 光源肯定也可以通过;但是,如果使用 LED 光源测试光纤链路其结果是不通过,那么使用 VCSEL 光源是否可以通过呢?答案是不确定的。这是因为 VCSEL 光源的性能比 LED 要好很多。虽然使用 LED 光源测试不通过,但 VCSEL 光源却有可能通过,但这只有通过测试才能知道。有些用户使用 LED 光源测试光纤链路未获通过,随后花费大量的时间和费用来查找故障,甚至重新铺设光纤链路。而实际上是不需任何更改就可直接使用,因为在系统的实际应用中所使用的是比 LED 光源性能好得多的 VCSEL 光源。反过来说,如果在实际应用中要求使用 LED 光源,而在现场测试中使用了带 VCSEL 光源的光纤链路测试仪。如果测试结果不通过,则使用 LED 光源肯定也不通过;如果使用 VCSEL 光源测试结果为通过,那么使用 LED 光源测试结果是否可以通过呢?答案同样是不确定的。如果此时盲目的相信测试结果显示的数值,在实际应用中使用 LED 光源的话,很可能对数据传输带来负面影响,使整个网络的性能达不到要求。

所以,为了得到准确的测量结果,我们在对光纤链路进行测试时一定要选用和实际应用中一致的光源。

9. 光纤测试中的选件

- 光纤转换跳线
- 光纤转换适配器
- 衰减器

转换适配器

衰减器

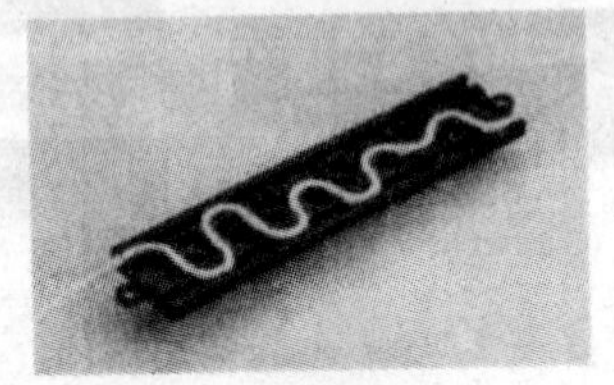

衰减器

由于目前市场上光纤连接器的种类很多，在选用测试仪器时一定要仔细考虑光纤测试仪器与网络设备所使用的连接器类型是否一致。如不一致则需添加适当的选件来进行连接器的转换。这类产品主要有光纤转换跳线和光纤转换适配器两种。

在测试光纤链路的过程中，可能会出现链路中光信号的功率大于仪器所能承受的最大功率，这种情况会造成仪器的损坏。这是需要在链路中增加一些产生衰减的元件，来降低仪器所接收到的功率，保护仪器不受到损害，这种元件就是衰减器。

三、OTDR 光时域反射计

- 发送光脉冲
- 检测散射回来的光
- 可以定位故障
- 可以测试反射系数
- 可以测量光缆链路的损耗
- 需要受过培训的工程师解释测量结果
- 价格高

现在,电信光缆传输网已成为承载着巨大信息量的信息高速公路。因此,保证其安全、畅通是非常重要的。这样就要求有一种能够准确地测量光纤传输特性的仪器、仪表,以便能够有时了解光纤的传输情况,发现光纤故障。光时域反射仪(OTDR)正是一种这样的光学仪表,是光缆链路施工、维护及监测中必不可少的工具。

OTDR 光时域反射计

- 了解光纤链路状况
- 发现光纤故障
- 单端测试

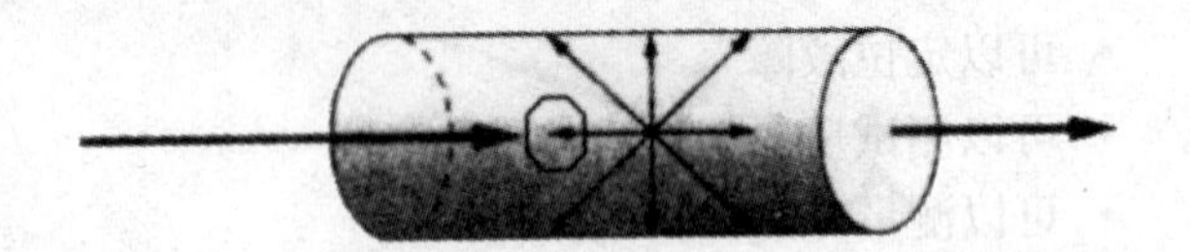

OTDR根据光的后向散射原理制作,利用光在光纤中传播时产生的后向散射光来获取损耗的信息,可用于测量光纤损耗、接头损耗、光纤故障点定位以及了解光纤沿长度的损耗分布情况等。从某种意义上来说,光时域反射计(OTDR)的作用类似于在电缆测试中使用的时域反射计(TDR),只不过TDR测量的是由阻抗引起的信号反射,而OTDR测量的则是由光子的反向散射引起的信号反射。反向散射是对所有光纤都有影响的一种现象,是由于光子在光纤中发生反射所引起的。

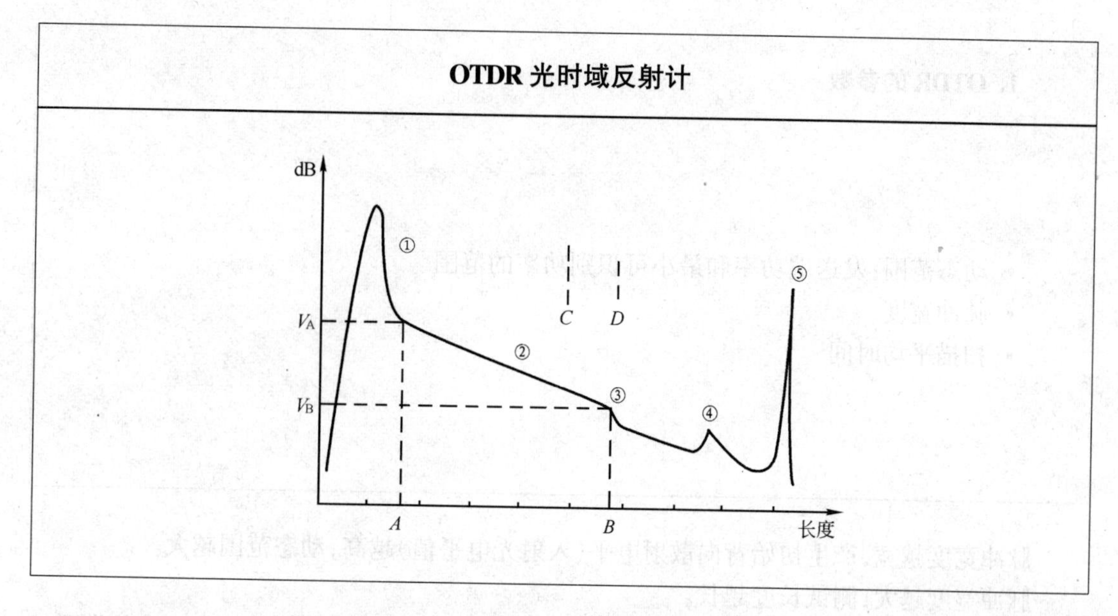

通过分析 OTDR 接收到的光子反向散射信号波形图，技术人员可以看到整个系统的轮廓；确定光纤分段以及连接器的位置，并测量它们的性能；确定由于施工质量所导致的问题；如果知道光信号在光纤中传输的速率，OTDR 可以根据信号发送和接收的时间差确定光纤断路等故障的位置。

上图是一条典型的 OTDR 曲线，通过它我们可以看出：

1. 耦合端菲涅尔反射损耗
2. *AB*，*CD* 段光纤传输损耗，即 *AB* 斜率为损耗系数
3. 光纤接头的反射
4. 光纤内缺陷或损伤产生的损耗
5. 光纤菲涅尔反射损耗

1. OTDR 的参数

- 动态范围:发送端功率和最小可识别功率的范围
- 脉冲宽度
- 扫描平均时间

脉冲宽度越宽,产生初始背向散射电平(入射光电平值)越高,动态范围越大。

脉冲宽度越大,测试长度越长。

扫描平均时间越长,噪声低电平(背向散射信号不可见信号电平值)越低,动态范围越大。

2. OTDR 盲区

• 事件盲区

→ 由于介入活动连接器而引起反射峰,从反射峰的起始点到接收器饱和峰值之间的长度距离。

• 衰减盲区

→ 由于介入活动连接器而引起反射峰,从反射峰的起始点到可识别其他事件点之间的距离。

OTDR 脉冲宽度越大,盲区越大,增加脉冲宽度虽然增加了测量长度,但也增大了测量盲区。对于OTDR的使用者来说,盲区当然是越短越好了。所以,我们在测试光纤时,对OTDR 附件的光纤和相邻事件点的测量要使用窄脉冲,而对光纤远端进行测量时要使用宽脉冲。

3. OTDR 的“增益”现象

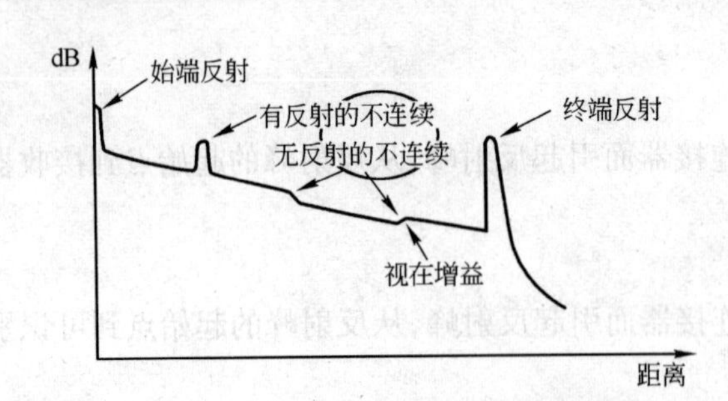

- 联结器后面的背向散射电平大于前面的背向散射电平，抵消了损耗
- 双向平均测试法

OTDR 在测试中通过比较接头前后光纤产生的背向散射的差别来对接头的损耗进行测试。如果接头后面的光纤的散射系数比接头前面的光纤的散射系数高，那么接头后面的光纤产生的背向反射信号就会大于接头前面光纤产生的背向反射信号。在这种情况下，OTDR 会认为接头后面的信号强度大于接头前面的信号强度，在 OTDR 的曲线中就会在接头处产生所谓的“增益”现象。

这时要获得准确的接头损耗的惟一方法，就是使用 OTDR 在被测光纤的两端分别进行测试，将两次测试中该接头产生的损耗取平均值作为该接头的实际损耗值，这种方法叫做双向平均测试法。

4. OTDR 的使用原则

- 与被测光纤相匹配

→ 不匹配的后果

→ 长度正确

→ 光纤损耗不正确

→ 光接头损耗不正确

→ 回波损耗不正确

- 电信 OTDR 适用于局域网

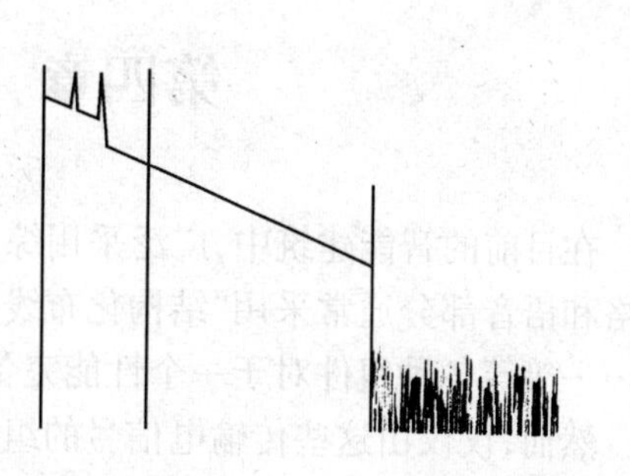

当使用单模 OTDR 模块对多模光纤进行测量,或者使用多模 OTDR 模块对单模光纤进行测量时,光纤长度的测量结果是不会受到任何影响的,但是诸如光纤损耗、光接头损耗、回波损耗的结果都是不正确的。这是由于使用的 OTDR 模块与被测光纤不匹配,而造成损耗测量上的误差。所以,在使用 OTDR 对光纤链路进行测试时,一定要选用与被测光纤相匹配的 OTDR 模块进行测量。只有这样,才可以得到正确的结果。

第四章 布线系统的管理

在目前的智能建筑中,广泛采用综合布线技术实现电子信息传输的各种服务。在涉及网络和语音部分通常采用"结构化布线系统"。线缆、连接器、配线架、信息面板、跳线、设备线……等等各种组件对于一个性能完备的结构化布线系统(SCS)而言是至关重要的。

然而,仅仅由这些传输电信号的组件安装成的系统并不能构成完整的结构化布线系统。缺少了对上述组件的有效管理,就很可能因为组件移动、增加或变动以及各种人为因素,使得当初十分优秀的安装工程在一段时间之后变得凌乱不堪、无从下手,增加了网络故障发生的几率和维护的难度。因此,实施有效的布线管理对于结构化布线系统和网络的稳定运行与维护具有重要意义。

一、布线系统的管理标准

商业建筑物电信基础结构的管理标准
ANSI/TIA/EIA-606

对于布线系统的管理，国际上是有相关标准可以遵循的。《商业建筑物电信基础结构的管理标准》是TIA/EIA(美国通信工业协会/电子工业协会)制定的有关布线系统管理的最全面的标准。该标准被全球各国所认可或作为参考，成为事实上的国际通用标准。

在我国，网络的兴起与综合布线技术的引进和发展使得布线管理问题越来越受到人们的关注，及时了解国际标准并结合国内的实际情况总结出符合我国要求的管理体系，指导网络布线的科学管理是当务之急。

二、ANSI/TIA/EIA-606 标准的目的

• 提供与应用无关的统一管理方案，为使用者、最终用户、生产厂家、咨询者、承包人、设计者、安装人员和设备管理者等涉及电信基础结构管理的所有人员建立了准则

• 协调完善对电信基础结构建设的各个阶段涉及的不同电信设备、布线系统、线终端产品和通路/空间等部件的统一管理

• 易于管理人员在建筑物的整个使用寿命期间进行连续管理

• 促使管理产品标准化

《商业建筑物电信基础结构的管理标准》是用于维护电信基础结构的指导方针。其最主要的目的就是提供一套统一的管理方案。而该管理方案的实施是不依赖于网络或其他应用的，不会随着应用的变化而变化，即管理与应用相互独立。这样做的好处是使管理具有兼容性和延续性，最大限度地发挥管理的效能，避免资金的重复投入，节省人力、财力和时间的花费。

电信基础结构的建设涉及多方面的人员，因此各个阶段工作之间的衔接就显得非常重要。统一的标准为各方提供了相互沟通的渠道，有利于整体上的统筹规划。

此外还可以促使相关生产厂商生产出符合标准要求的、统一规格的管理产品，最终实现管理的整体规范。

1. 电信基础结构

- 现代建筑物要求有有效的电信基础结构,以支持依靠电子信息传输的各种服务
- 电信基础结构

→ 为建筑物或建筑群内所有信息分配提供基本支持的各种组件的总成

→ 电信间、电缆通路、接地、终接硬件…

我们所说的布线系统实际上是 TIA-606 标准中定义的电信基础结构的部分内容,电信基础结构涵盖的要更为丰富。它将协助或实施电子信息传输的所有组件全包括在内,从整幢建筑物到楼内的电信间,从主干线路到连接跳线,从通信设备到连接终端硬件……形成非常复杂、相互交错的立体结构。这种结构并非一成不变,其在整个建筑物使用周期内可以改变若干次。在日常使用中更可根据需要随时对局部进行临时调整、增减。因此对于维护人员来说,全面、实时、有效的管理确实是一种挑战。

2. 电信基础结构的管理

- 管理要求是针对新建、现有或改造的商业建筑或园区内的电信基础结构
- 管理包括:

→ 电缆文档

→ 终接硬件文档

→ 接线和交叉接线设备文档

→ 导线管文档

→ 其他电缆通路文档

→ 电信间和其他电信空间文档

TIA-606 标准规范了新建、现有和改造的商业建筑或园区内的电信基础结构的管理要求。管理的基础结构范围包括:

- 工作区、电信间、设备间和入口设施中的电信介质终端
- 端接点间的电信介质
- 端接点间的通路(包含介质)
- 端接点所在位置的空间
- 用于电信的焊接/接地线

在当今日趋复杂的电信环境中,管理可通过文件完成,更需要使用计算机系统加强有效管理。比如:可以通过电子表格或数据库软件等,实现数据资源的管理与共享。

3. 管理的方法

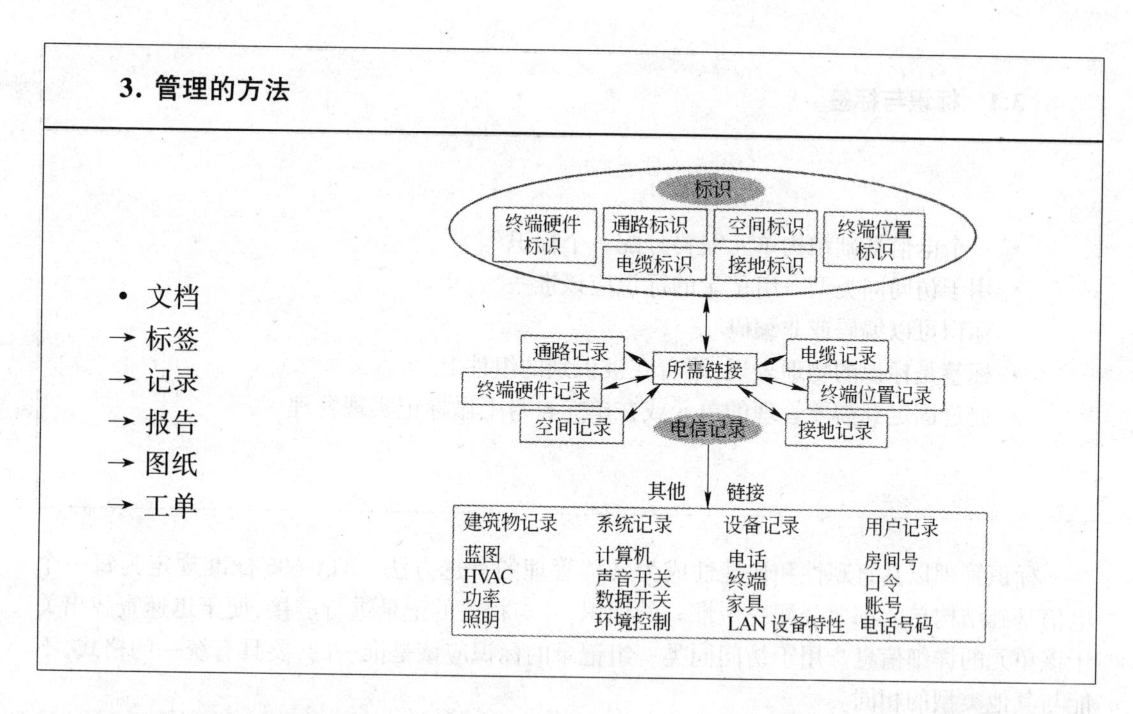

对于基础结构的管理方法目前主要是通过详细的文档来实现的。典型的文档包括:标签、记录、报告、图纸、工单等。这些文档之间有着紧密的联系并互为补充,构成了管理所必须的最基本的信息。

例如:布线系统各组件标签上的编码内容可以使管理者快速、清楚地了解到组件的用途、连接等基本信息,通过相关链接索引就可以调阅有关记录,获得型号、配置、状态、年限等详细资料。从多个记录中还可以产生详尽的管理报告,作为资产清查、调整、升级和改造的依据。各种设计、施工和安装图纸则更为直观地标出各电信基础结构组件的物理位置,方便维护查找。而工单的保留可以直接追溯组件的变化和调整过程。

3.1 标识与标签

- 一个电信基础结构单元需要分配一个标识
- 用于访问同类型一组记录的标识应该惟一
- 标识可以编码或非编码
- 标签是标识的物理表现,附着在被识别的组件上
- 通过固定到需要管理的单元或在单元自身上做标记实现管理

标识管理以其直观性和快捷性成为文档管理的首选方法。TIA-606 标准规定为每一个电信基础结构单元都要分配一个惟一的标识,并与相关的记录进行链接,便于迅速查找出关于该单元的详细信息。用于访问同类一组记录的标识应该是惟一的,要具有统一的格式,不能与其他类型的相同。

标识分为编码和非编码,比如:C0001 就是非编码,只表示一个识别符号,无法表达其他信息;而 4A-C04-001 就是编码,既表示一个标识又是编码,可以代表电信室 4A、C 行、4 排、信息块位置 001 等信息。

标识管理的具体实施是要通过标签完成的。标签上应带有标识和其他有关信息。

3.2 链接

- 链接是标识和记录之间的逻辑连接

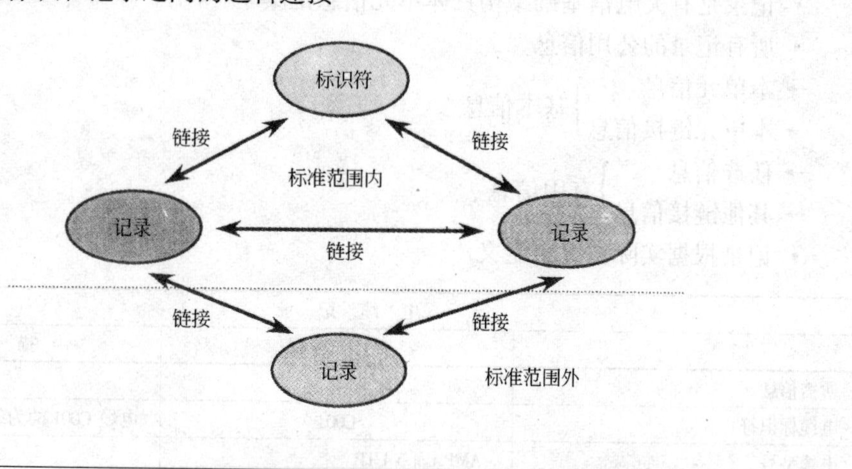

链接是标识和记录之间的逻辑连接。另外，当一个记录中的标识指向另一个记录时，记录之间就形成了链接。因此基础结构单元的记录是相互链接的。比如：在电缆记录中，终端位置标识指向特定的终端位置记录，该记录中包含有每个电缆终端位置的附加信息。基础结构记录也可能被链接到其他记录，并且这些记录已经超出了 TIA-606 标准的范围。

3.3 记录

- 记录是有关电信基础结构具体单元信息汇集
- 所有记录的公用信息

→ 本单元信息 } 基本信息
→ 本单元链接信息

→ 任选信息 } 有用信息
→ 其他链接信息

- 记录根据实际情况来定义

电 缆 记 录

	试样数据		描 述
所需信息			
电缆标识符	C001		电缆 C001 的为编码标识符
电缆型号	AMP Cat 5 UTP		
未终接的线对/导线号	0		未终接的线对或导线表
损坏的线对/导线号	0		
现有的线对/导线号	0		
所需的链接			
	端头 1	端头 2	
线对 1-4 终端位置记录	J001	3A-C04-001	3A-C04-001 编码标识符
接线记录	n/a		无使用的接线记录
通路记录	CD34		线管 CD34
接地记录	n/a		无现行接地记录
任选信息			
电缆长度	50m(165 英尺)		
所有权	承租人		
其他选择信息			
其他链路			
设备记录			
其他链接记录			

记录是有关电信基础结构具体单元信息汇集。

3.4 报告/图纸/工单

- 报告可以编辑并呈现出记录中发现的信息
- 图纸呈现的是有关建筑物内电信基础结构与其他基础结构之间关系的图示信息

→ 概念性图

→ 安装图

→ 记录图

- 工单将执行影响电信基础结构变更所需的操作编制成文件

报告是将多种电信基础结构记录中选择的信息汇集的方法。报告可由单一一组记录或多组相关记录信息汇总生成。报告中的信息可要求以若干不同格式来表现。

图纸是用来说明电信基础结构规划和安装各个不同阶段的。一般来说，概念性图纸和安装图纸将给以图示方法将通信结构编成文件的记录图纸提供输入数据。这些记录图以及某些设备和安装图将成为管理系统文件的一部分。

工单将执行影响通信结构的变更所需的操作编制成文件。该修改可涉及若干电信部件及其他有关系统。标准工单将连接软线的移动、安装线路或重新布置出盒的各项操作编成文件。工单可能包括空间、通路、电缆、接线、终端或接地。可以是单独的也可以是联合的。工单应列出具体操作负责人和修改文件各部分负责人，以保证其准确性。

3.5 标签应用的具体位置

- 通路标识
- 电缆标识
- 终端硬件标识
- 终端位置标识
- 空间标识
- 接线盒标识
- 接地标识

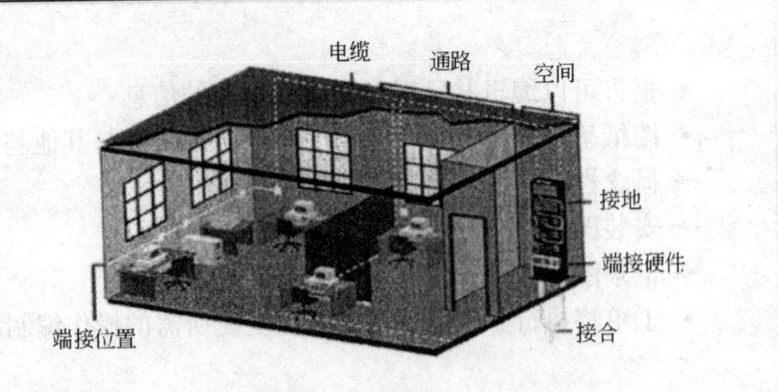

TIA-606标准推荐的管理分为:通路和空间管理、配线系统(布线系统)管理和接地/接线管理。相应的标识具体分为通路、空间、电缆、终端硬件标识、终端位置标识、接线盒标识、接地标识。这些标识有各自的格式和内容要求,固定的方式和不同的放置位置,对使用标签的要求也不尽相同。

3.6 通路和空间标识

- 每个通路都应分配惟一标识,并作为通路记录的链接
- 每个空间都应分配惟一标识,并作为空间记录的链接

通路

空间

在每个通路上或其标签上应标记通路标识。对于分隔通路,如管道或内部管道,对每个部分应指定惟一的标识。

在位于电信室、设备间或引入设施中的所有端点处应加上通路标签。在中间位置或在整个长度上的正常间隔处(例如建筑物中的其中一跨)的通路上最好有附加标签。闭环通路(电缆架回路)在一定间隔上加标签。带有三个或更多通路端点的中间点应有端点标签。

所有空间应加上专用标签。建议标签固定在空间的入口处。

3.7 电缆标签

- 每根电缆都应分配惟一标识,并作为电缆记录的链接

水平和主干子系统电缆应在每一端加上标签。标准建议该标签最好粘贴在电缆上,而不是在电缆上作标记。为了进行正确管理,在电缆中间位置如:导线管终端、主干接线点、人孔和拉线盒处可能需要有附加电缆标签。捆扎在一起的不同电缆视为独立电缆分开管理。编码电缆标识可用于识别大对数电缆的线对/导线数。

3.8 终端硬件/位置标识

- 每个终端硬件单元都应分配惟一标识作为其记录的链接
- 每个终端位置应配有惟一的标识作为位置记录的链接。

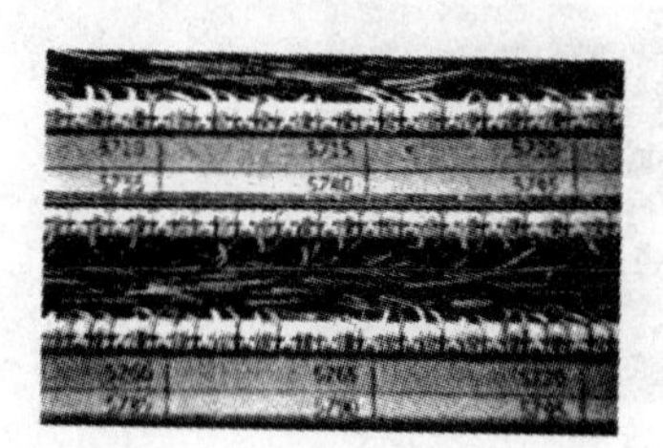

在每一终端硬件或其标签上应有标识。例如:“C4R6”代表的是主干终接交叉连接的4行6排中的终接硬件。终端硬件标签一般选用平面标签,可以直接粘贴在硬件单元表面。根据硬件表面的粗糙程度和环境要求选择不同厚度的背胶和覆盖保护膜。

每个终端位置应使用终端位置标识进行标记,除非终端位置太密而无法标记。例如:“3B-A01”表示3层楼的B电信间中的A配线面板的01端口。终端位置标签一般粘贴在面板的表面。

3.9 接线盒标识

- 每个接线盒应配有独特的标识符作为接线记录的链接
- 在每个接线盒或其标记上应有标识符

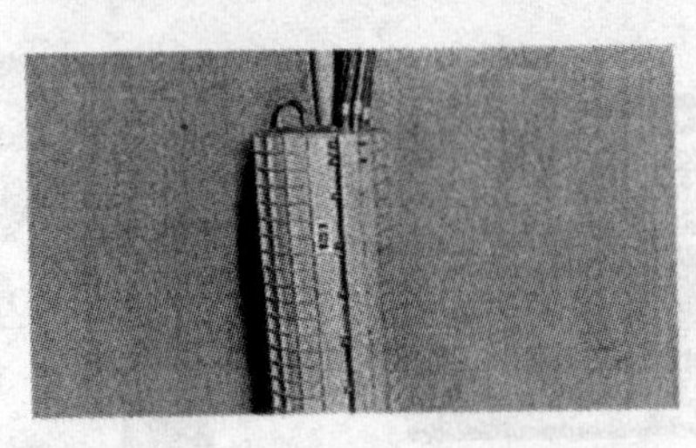

每个接线盒应配有独特的标识符作为接线记录的链接。

3.10 接地/连接标识

- 电信主接地母线(TMGB)应标上“TMGB”且惟一
- 每个接地母线(TGB)应有一个专用的标识符并使用前缀“TGB”

“TMGB”标记是独一无二的,因为建筑物中只有一个 TMGB。对于接在 TMGB 上的每根电信主干连接导线都应有一个惟一的标识。建议由建筑物中任一 TGB 延伸到设备的所有连接导线应有专门标识。

将 TMGB 连接到建筑物接地线的导线应在每一端使用警告标签。这些标签应固定在导线的明显位置处,并尽可能靠近导线每端的连接点。

4. TIA/EIA-606 标准的变化

- 即将颁布的新标准 ANSI/TIA/EIA-606-A

→ 针对小型、中型、大型和超大型等不同的电信基础结构系统建立管理等级

→ 适应电信基础结构系统可升级的要求

→ 允许模块化实施本标准的不同部分

→ 规范标识符以适应从设计绘图到测试方法到电缆系统管理软件的信息传递

→ 规范标签格式

随着电信基础结构复杂程度的增加和新技术的应用,TIA-606 标准在某些方面的管理功能已经显得有些滞后。同时其缺乏可操作性的问题也变得更为突出。因此人们需要新的标准来解决上述矛盾。这个新的标准就是即将颁布的 TIA-606-A。其主要的变化就是采用现在流行的分层或分级的管理结构。基于被管理基础结构的复杂性,采用不同模块组织实施有效管理,同时可以根据基础结构的规模变化升级管理模块,达到配套管理的要求,最大限度地节省管理投入。

TIA/EIA-606-A 标准的变化

- 目的

→ 通过减少维护系统的劳动费用、扩展系统可利用的经济寿命、为用户提供有效的服务等手段增加系统所有者投资基础结构的价值

- 范围

→ 一级—针对单一电信间的管理

→ 二级—针对一个建筑物中的多个电信间的管理

→ 三级—针对园区电信基础结构的管理(多个建筑物中的电信间)

→ 四级—针对多个地点和园区的管理

TIA/EIA-606-A 标准在目的中更加明确了有效管理可以给用户带来利益,即通过减少维护系统的劳动费用、扩展系统可利用的经济寿命、为用户提供有效的服务等手段增加系统所有者投资基础结构的价值。而在管理的实施中,针对商业电信基础结构系统,定义了四个管理等级以适应目前电信基础结构的复杂程度。每个等级可以独立实现并可向更高一级扩展,提高了灵活性。

4.1 一级管理系统

• 一级管理适于具有单一电信间的基础结构

→ 在电信间内的每一个配线面板端口或端接模块部分都应粘贴标签。

→ 水平电缆的每一端都要在距电缆护套300mm内粘贴标签。这包括在电信间、工作区和CP或MUTOA的电缆的每一端

→ 在工作区,每个独立的电信出口/连接器都要粘贴标签

→ 电信间内的主接地汇流排应粘贴注明"TMGB"的标签

一级管理系统要求的基础结构标识包括:水平链路标识和电信主接地汇流排标识。水平链路的每一个组件都应指定一个惟一的标识。对于铜缆水平链路,包括的组件有:

• 电信间内的配线面板端口,或电信间内端接4线对水平电缆的端接模块部分;

• 4线对水平电缆;

• 电信出口或工作区内的端接4线对水平电缆的连接器;

• 如果是固定连接点(CP),所有连到固定连接点的4线对水平电缆线段和端接所有电缆线段的端接模块部分。

对于光纤水平链路,包括的组件有:

• 电信间内配线面板上的光纤线对终端;

• 从电信间到工作区电缆中的2芯光纤;

• 工作区内的光纤线对终端。

水平链路标识格式为"ann"。

"a"代表一个字母,用来惟一识别一个单独的配线面板,一个模块或一组模块。

"nn"代表两个数字,指明配线面板的端口或电信间内端接4线对水平电缆的端接模块部分。

4.2 二级管理系统

- 二级管理适于一栋建筑物中拥有多个电信间的基础结构

→ 每个电信间都应在房间内贴上标签,便于在其内部工作的人员清楚地看到

→ 电信间内的每一配线面板端口或端接模块部分都应粘贴标签

→ 水平电缆的每端要在距电缆护套 300mm 内粘贴电信间-水平链路标签

→ 在工作区,每个独立的电信出口/连接器都要粘贴电信间-水平链路标签

→ 主干电缆的每端都要在距电缆护套 300mm 内粘贴标签

二级管理系统所要求的基础结构标识:

- 电信间标识——每一个电信间都要分配一个惟一的标识。
- 电信间——水平链路标识——水平链路的每个组件都要分配一个惟一的标识。
- 建筑物内主干电缆标识——用于辨别交叉连接的电缆。
- 建筑物内主干线对或线芯标识——用于辨别一个建筑物内两个电信间之间主干电缆中的每一铜缆线对或每一芯光纤。
- 电信主接地汇流排标识——用于识别单一建筑物系统中的单一 TMGB。
- 电信接地汇流排标识——用于识别接地和结合系统中的 TGB。
- 防火系统位置标识——应可识别安装的防火系统的每种材料。

4.3 三级管理系统

- 三级管理适于单一地点内的多个建筑物中的电信基础结构

→ 所有二级管理系统要求的标签包括在三级管理系统中

→ 三级管理中增加下列基础结构标签
  - 建筑物标签
  - 建筑物内主干电缆标签
  - 建筑物内主干线对或线芯标签

→ 建筑物内主干电缆的标签应在主干电缆每端距电缆护套 300mm 内粘贴

所有二级管理系统要求的标识都应用于三级管理系统中。另外下列标识也是三级管理所要求的:

• 建筑物标识——每个建筑物要分配一个惟一的标识;

• 建筑物内主干电缆标识——连接不同建筑物电信间的每条主干电缆都要分配一个惟一的标识;

• 建筑物内主干线对或线芯标识——连接不同建筑物电信间的主干电缆中的每一线对或线芯都要分配一个惟一标识。

在三级管理系统中应要求如下记录:

• 建筑物记录:建筑物名称、建筑物位置、所有 TR 及其在建筑物中位置的列表、访问联系信息、访问时间。

• 建筑物间主干电缆记录:建筑物间主干电缆标识符、电缆类型、连接硬件类型,第一个 TR、连接硬件类型,第二个 TR……。

4.4 四级管理系统

- 四级管理适于多个地点和园区中的电信基础结构

→ 所有三级管理系统要求的标签包括在四级管理系统中

→ 增加场地或校园标签

→ 可选标签

  - 广域网链路标签
  - 专用网链路标签

所有三级管理系统要求的标识都应用于四级管理系统中。另外下列标识也是四级管理所要求的：

每个场地或校园都要分配一个惟一的标识。

四级管理系统要求的记录如下：

- 场所或校园记录：场所或校园的名称、场所或校园的位置、基础结构管理的本地联系信息、场所或校园中的所有建筑物列表、主交叉连接的位置、访问时间。

4.5 标签的种类及要求

• 粘贴型

→ 粘贴标签应满足 UL969 中规定的清晰、耐磨和附着力的要求。如需要还应满足 UL969 中规定的户内、外一般外露使用的要求

• 插入型

→ 插入式标签应满足 UL969 中规定的清晰、耐磨和一般外露要求。标记有特定内容的插入标签应牢固地放置到位

• 其他——不同的粘贴方法或特殊用途

→ 即时贴、条形码

粘贴型标签又分为平面标签和线缆标签。平面标签用于设备和器件的标识,应慎重选择标签材质和背胶以适合不同的使用环境和表面粗糙条件的要求。

线缆标签标准建议使用"覆盖保护膜标签",透明的"尾巴"覆盖缠绕在打印区上起到保护作用。

在恶劣的环境中,套管和吊牌应更适合作电缆的标记。

4.6 标签的选择

- 环境因素

→ 温度、湿度、污染、辐射

- 寿命及材质要求

→ 临时、永久

→ 纸质、化学材料

- 功能要求

→ 一般、防伪

- 印制方式

→ 点阵、喷墨、激光

环境影响是选择标签主要的考虑因素。温度过高可能使标签变形，而温度过低可使标签变脆，容易碎裂或影响粘胶的黏性造成脱落。潮湿环境会使纸质标签的字迹变得模糊不清而失效，紫外线照射又可加速标签上的字迹的消退。

4.7 标签的印制

- 预印标签

→ 文字和符号,节省时间,方便使用,适合大批量的需求

- 手写标签

→ 借助于特制的标记笔,书写内容灵活、方便

- 软件设计

→ 自行设计,批量打印,提供最大的灵活性

- 手持打印

→ 根据需要"现场"制作标签

预先印制的标签有文字或符号两种。常见的印有文字的标签包括"DATA(数据)"、"VOICE(语音)"、"FAX(传真)"和"LAN(局域网)"。其他预先印制的标签包括电话、传真机或计算机的符号。这些预先印制的标签节省时间,方便使用,适合大批量的需求。但这些文字或符号的内容对于以管理为目的应用是远远不够的。

手写标签要借助于特制的标记笔,书写内容灵活、方便。但要特别注意字体的工整与清晰。

对于需求数量较大的标签而言,最好的方法莫过于使用软件程序,例如 Brady 公司的 Labe1Mark软件。这类软件程序在印制标准的标签或设计与印制用户自己的专用标签时可为你提供最大的灵活性。插入公司徽标、条形码、图形、符号和文字(字母和数字),制作用户自定义的标签,内容变化可谓无穷无尽。使用支持 Windows 平台的点阵式、喷墨或激光打印机可印制任何数量、各种类型的标签。

对于印制少量的标签来说,手持打印机则是最佳选择。

4.8 标签打印系统

IDPRO PLUS

TLS 2200

- 使用操作简单
- 坚固耐用,适合野外,现场使用
- 支持数十种国际标准要求的标签规格
- 完善的售后服务体系,中国境内维修

现场印制标签,有多种类型的手持打印机可以使用。美国贝迪公司生产的 IDPro Plus 针式和 TLS2200 热转移手持标签打印机可以根据你的需要制作标签,配合 Label Mark 软件可打印图标、条形码和特殊符号,更可打印中文标识,为工作提供最大的灵活性。

4.9 IDPRO PLUS 针式打印机

- 针式打印
- 最大打印宽度 38mm
- 4 种打印字体
- 重量 1.6 磅
- 充电后打印 250 个标签
- 耐冲击,适合现场

贝迪的 I.D.PRO Plus 是现场打印导线、电源插座、面板和元件标签的最小型及最理想的打印机。其设计有多种功能,轻便易携,适用于 3 种不同材料宽度包括 1/2″、1″和 1½″。自调式打印头打印多种标签材料,包括层压式和乙烯布、贝迪套管(BradySleeve)和永久套管(PermaSleeve)的热收缩电线标志。满足潮湿、腐蚀、高低温等不同环境及特殊恶劣户外环境的应用,更可根据客户不同需求,提供各类特殊用途的标签。

贝迪的 I.D.PRO Plus 采用液晶显示,使打印内容一目了然。打印机坚固耐用,根据人类工程学设计的凹凸表面及顶部、底部的减振缓冲垫可防止其在户外工作时的损坏。

4.10 TLS 2200 热转移打印机

- 热转移打印:203 dpi
- 标签宽度达 50.8mm
- 充电后打印 500 个标签
- 自动切割标签
- 字体大小任意调整
- 可打印系码
- 智能标签识别晶片
- 可连接电脑,打印中文

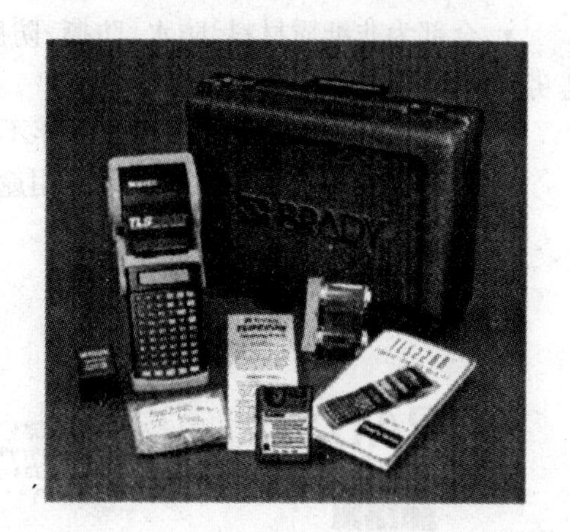

贝迪的 TLS2200 是一款设计轻巧、易于使用、智能化的打印机。它采用先进的热转移打印技术,能提供永久、高速、清晰的打印效果。203dpi 的打印分辨率是打印导线、面板、元件和条形码标签的最理想的打印机。智能单元可使打印机能阅读所用标签款式、尺寸型号并根据标签型号自动调控打印字体大小。自动序列打印能力方便工作。200 多种不同材料的标签可选,满足潮湿、腐蚀、高低温等不同环境及特殊恶劣户外环境的应用,更可根据客户不同需求,提供各类特殊用途的标签。

4.11 标签材质

• 全部为非纸质材料,防水、防撕、防腐、耐低温和高温,可适用于室内、外以及特殊恶劣环境,例如:航天,航空,航海

• 标签通过 UL969 认证,保证 15 年不会脱落

• 根据客户需求提供各类型特殊用途的标签

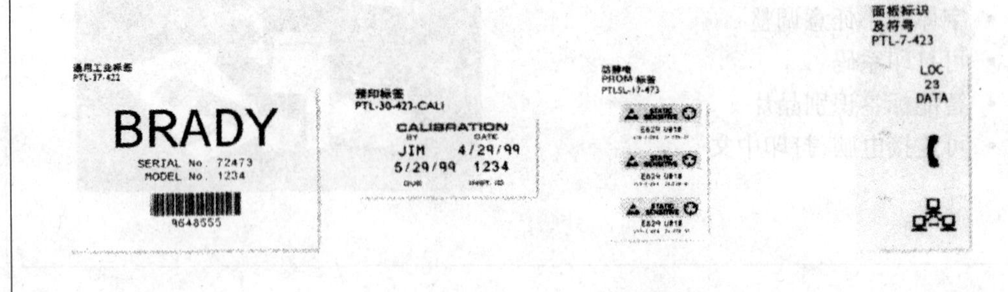

贝迪公司的标签材质种类很多,可满足各种应用的要求。覆盖保护膜标签(乙烯、聚酯)具有很好的保护作用,可防水布料(乙烯布、尼龙布)、耐高温标签(聚酰乙烯胺、聚酯)、阻燃材料(Tedlar)、无静电标签(白色聚酯、白色聚酰乙烯胺、纸张)、超强黏性标签、轮胎标签、防伪标签(银色聚酯、乙烯)、THT 聚酯材料标签(金属银色,白色聚酯)、透明标签(聚酯、透明保护膜、Tedlar、防紫外光保护膜)、荧光色标签(聚酯)。

第五章　网　络　工　具

主要内容：

网络工具的重要性、工具的工作原理、如何选择工具。

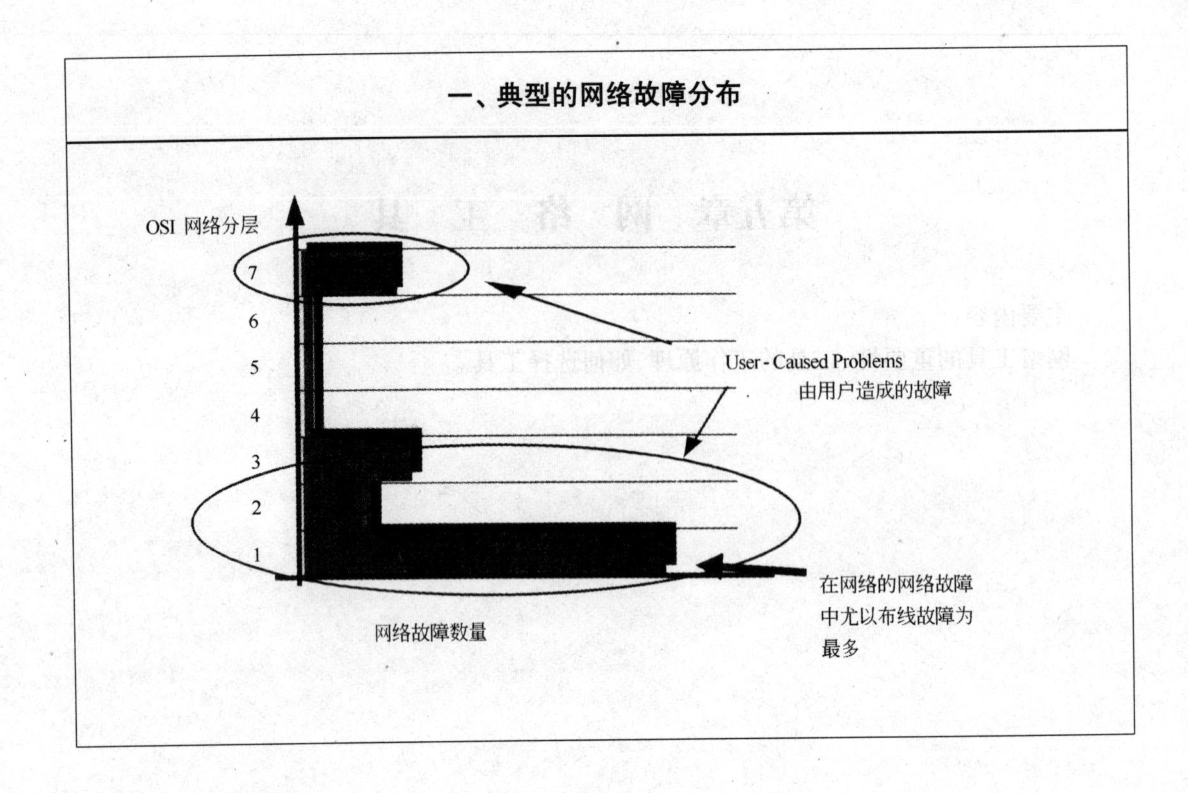
一、典型的网络故障分布
OSI 网络分层
7
6
5
4
3
2
1
User - Caused Problems
由用户造成的故障
在网络的网络故障
中尤以布线故障为
最多
网络故障数量

二、网络安装工具的重要性

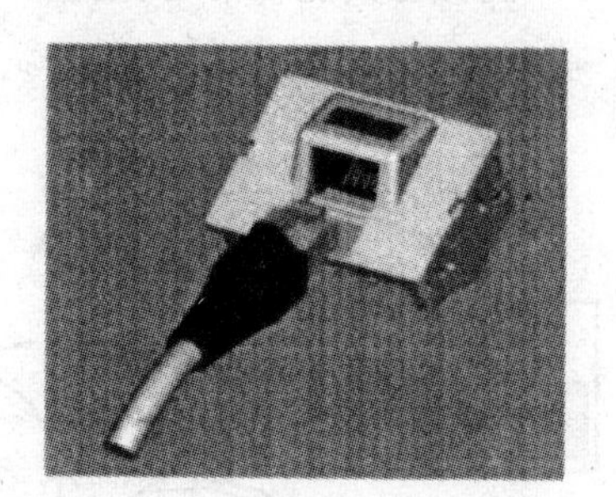

- 近半数以上的布线故障是由于连接产生的
- RJ-45 连接器提供了灵活的现场制作的方便,也带来很多的连接故障:连通性能/电气性能
- 确保连接的精确稳定
- 保证连接能达到国际标准
- 减少网络连接故障的发生

→ 尤其是间歇性故障的发生

我们的布线系统是灵活的、可管理的工作系统,在对布线链路的管理中经常需要移动和改变链路的连接,我们的 RJ45 插头,能否有效地与插座适配,从而提供持续的连接性能? 能否有效地减少串扰和回波损耗? 这就是我们要深入讨论的话题。

首先,我们来分析一下 RJ45 插头的优缺点,这个部件是整个链路中最容易引起串扰的地方,从 RJ45 插头的几何结构中我们也可以看到,这 8 个整齐排列的触点以及为了连接触点而不得不散开双绞缠绕的 8 根并行的线芯,这样的结构破坏了双绞线线对间均匀缠绕的对称性,也就由此导致了线对间明显的串扰情况。

RJ45 接头的典型结构为了获得最佳的链路性能,在制作 RJ45 接头时非双绞的部分应该越短越好,这就需要有良好的制作工艺,才能尽量减少 NEXT(近端串扰)的影响。此外,RJ45 接头上的触点能否与线芯牢固地连接也是保证接头质量的一个重要因素。通常我们在现场制作 RJ45 接头时,是通过压接工具上的压接点来保证的。

三、网络安装工具的结构

- 压接工具能否精确、垂直、均匀地受力

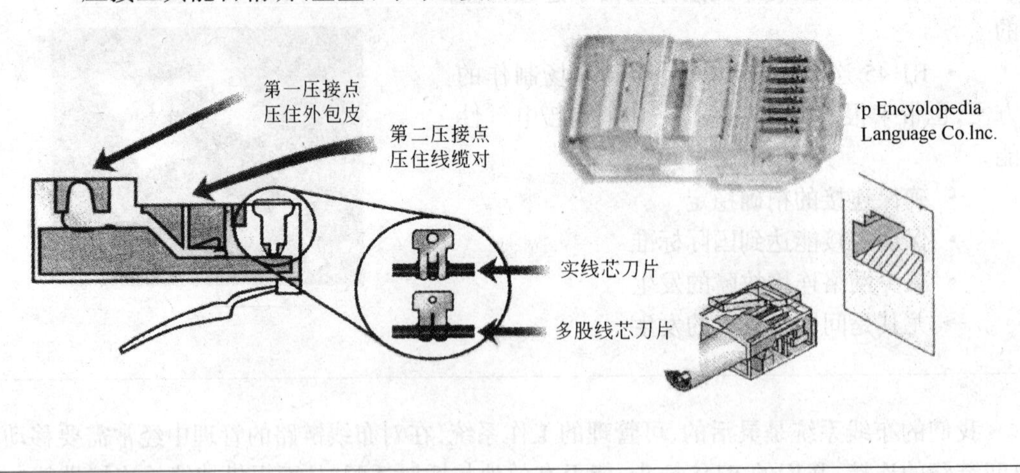

上图中显示一个 RJ45 插头有两个压接点，第一压接点是用来压住外包皮，第二压接点是用来压住线缆的线芯的，并由此来保证在触点的压接刀片刺向线芯的绝缘皮时保证线芯的稳定。这两个压接点对保证 RJ45 插头的制作精度和性能上起到了很重要的作用。

RJ45 接头中的触点、第一、二压接点通常在我们拉动电缆时，只要我们正确地实现了第一、二压接点的功能，对于接头来说主要受力的则主要是外包皮，而不是线芯与触点刀片的连接部分了。我们经常看到没有将外包皮压接到第一压接点的 RJ45 插头很容易出现某一针位开路的故障。同时我们应该注意到，在制作 RJ45 接头时，第一压接点又不能压接的太重，否则会由于线对的交叉而导致线芯的损伤，由此就会影响到 RJ45 插头的特性阻抗情况，这个原因也通常导致在 RJ45 插头处出现回波损耗性能不好的情况。

RJ45 插头上的 8 个触点我们再来看一下，RJ45 插头上的触点，这是 8 个排列整齐的通常镀金的触点，在压接插头时，这 8 个触点要均匀的垂直受力，才能最大限度地保证在今后与插座耦合时产生最好的接触。所以对压接工具能否精确、垂直、均匀地受力也就提出了苛刻的要求。见上图 RJ45 插头上的 8 个触点。

四、网络安装工具的要求

- 不同的结构

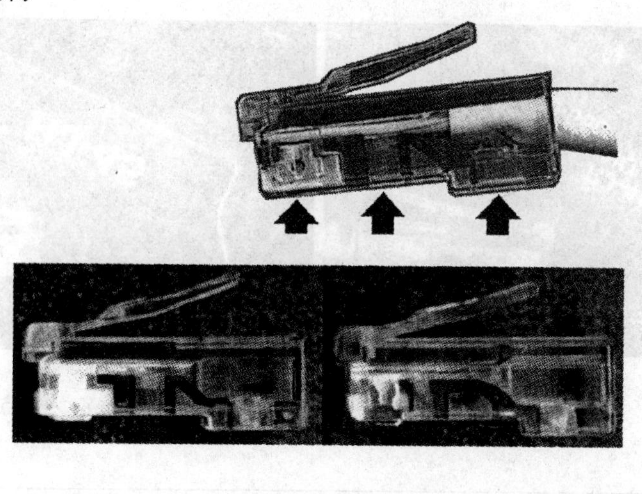

目前大多数的工程人员还在使用10MHz时代使用的廉价简陋的压接工具。我们对照一下不难发现，这些工具绝大多数没有第二压接点，并且不能保证触点在压接工作时满足精确、垂直、均匀受力的要求，压接的质量通常是依靠操作者有多大的力气来决定的，常常会出现用力小了触点的压接针没有良好的接触到线芯，造成开路，用力大了会造成第一压接点压坏线芯，测试中出现回波损耗故障。从统计来看通常会有20%～30%的连接故障是由于工具的问题而造成的。

在布线施工的工具上有很多知名的品牌和厂商，它们在RJ45插头的现场制作与压接工具方面有很多专利的技术。通过这些新的技术来保证在制作RJ45插头的连接时对工具的精确、垂直、均匀受力等方面的要求。比如美国Jensen工具公司的专用工具中就有如下的新技术：通过二次杠杆技术增大压接行程，由此来达到均匀压接和减轻操作者力度的目的；又如通过“止回”装置来保证一次压接的到位；再如，用精确的模具来保证第一压接点不会过分压迫线芯的故障出现等等。

五、使用不同的模组保证结构完整

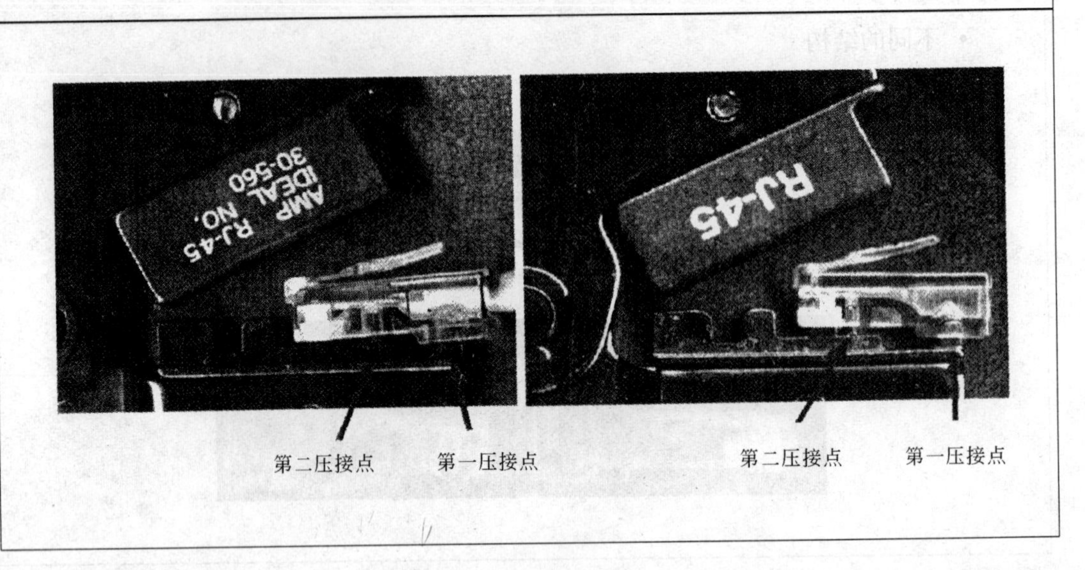

要正确地选择压接模组和正确地使用 RJ45 插头并不困难，首先在选择 RJ45 插头时要看所使用的双绞线是实线芯的还是多股线芯的，由此来决定 RJ45 插头的选择。在选择模工具的压接组时，通常只有采用 AMP 专利技术的 RJ45 插头才需要使用 AMP 专用的模组，用户可以向 RJ45 插头的供货商询问插头的类型，其实也可以通过仔细的观测来判断所购买的 RJ45 插头是否是这种类型的，判断的原则就是第二压接点距离 RJ45 插头的触点较远。有条件的也可以通过直接比较工具的压接模组来确定。如上图所示，将工具的模组与 RJ45 插头比较，左侧为 AMP 专用模组。

结论：

通常我们说，现场制作 Cat.5E 的插头很困难，主要是因为 Cat.5E 比 Cat.5 有着更严格的 NEXT(近端串扰)性能要求，此外，为支持如千兆以太网的 4 对线全双工的要求，Cat.5E 还对回波损耗有了严格的要求，如何在现场制作 RJ45 的连接插头时，正确地使用 RJ45 插头和选择优良的压接工具都是起决定作用的因素。此外在选择工具时，选择正确的压接模组也是非常关键的一步。

没有选择优良的安装工具就很难达到高性能的链路要求，可以说在这里真正体现了俗话所说的“工欲善其事，必先利其器”的道理。

附　录　1

6类标准对测试的影响

张景川

争论4年已久的6类标准已尘埃落地,各大厂家、业界人士以及产品用户的心中也为之一亮。但6类标准的发布到底意味着什么呢?

早在6类草案刚刚推出的时候,各大厂家就已经推出了各自的6类产品,像AVAYA的GigaSPEED电缆系统,AMP的Quantum,西蒙公司的System 6电缆系统等等。然而,当时各大电缆生产厂商推出了Cat 6类系统只能算是一个"专用系统"。所谓"专用系统"是指,所有的电缆链路中的元件——电缆、用户接线、接插件必须是同一厂家的六类产品。但来自不同厂商的元件可以互用的可能性很小,特别是接插件。不同厂商的六类产品的不可互用性不是指不能进行物理连接。当使用A厂商的六类8芯插头插入B厂商的六类插座,这种连接很可能达不到六类的传输性能指标。也就是说在当时的情况下,用户在工程中安装这些6类系统必须是同一家的产品才会有保障。也可能是当时6类系统的元件标准还没有最后被批准,所以各厂家的6类产品中也出现了不同的等级和型号。这就使各厂家的竞争更加激烈,也给用户带来了不少选择上的麻烦。而对于系统最后的保障——电缆性能的测试和相应的测试仪器,随着6类标准草案的不断升级更新和各大厂家技术的日趋成熟,也在发生着很大的变化。

对于已经现场安装的6类系统的性能指标,其中大部分参数已经建立。一些重要的链路的性能参数指标仍然在研究之中,而这一研究十二个草案早就公布出去了。但是尽管如此,也没有人敢断定何时才能形成工业的最后标准。制定元件级的性能标准对于不同厂商的产品之间的互用性是很有好处的,而这种互用性也体现在各家产品和测试仪器的匹配测试上。

FLUKE公司几乎在各家刚推出各自6类产品的同时就已经推出了几个厂家产品相匹配的测试链路试配器,这些6类的基本链路试配器是配合FLUKE DSP4000完成6类测试的测试选件。当时来看,似乎测试6类的办法解决了,而且随着FLUKE和各厂家的联系,也有了更多的试配器。但是一些人对此感到很忧虑,因为如果要是测试十个厂家的系统,就需要拥有十个与之相匹配的试配器,这可不是什么好的解决方案。惟一期待的就是希望6类的标准或是说6类草案的更新能够改变这一切。

很快,在2002年4月,TIA 568-B的标准正式出台而代替了旧有的TIA 568-A标准。虽然在该标准中还是没有6类标准的终极内容,但从两个内容上来看,6类的标准很可能即将问世。一个是在标准的第二部分专门留出地方等待6类的标准颁布后放入其中。这是不太好想像的,除非这个6类的标准会很快出现。二是在整个TIA 568-B的标准中用永久链路的模型取代了基本链路模型而和通道模型构成了两个水平链路的模型。要知道最早的6类测试模块就是基本链路试配器,而这种试配器在长期的6类测试中会产生RL(回波损耗)受影响问题,而永久链路的设计避免了这个问题。

FLUKE也不失时宜地推出了永久链路的试配器,而且测试性能上几乎完美,结果立刻引起人们的重视。更让人关注的是永久链路适配器的出现使我们没有必要再去换不同的模块了,因为在设计上,一个试配头可以兼容若干个厂家的6类系统,而其他的6类系统基本上由另外的一个选配的试配头就可以包括了。这让我们发现6类测试已经发展到了一个崭新的阶段,也让我们对标准可能在近期发布更有信心了。

2002年6月17日,这是最后的日子。没有人再怀疑草案的版本是否多的让人无法记住,因为6类的终极版本在这一天就已经被人们所记住。各个厂家、设计院、集成商、测试仪器生产厂家、最终用户以及相关行业都记住了这一天,甚至连7类的争论都放在了一边。这是布线行业的一件大事,也是近来一件最有意义的事。最终用户不用再迟疑是否使用6类产品,因为它已成熟;设计院自此有了6类的规范可依据;各厂家相互竞争看谁能更好于6类的标准。在几乎和6类标准颁布的同一时间,Fluke发布了其线缆测试顶级产品DSP4x00的重要升级,不但在标准上,而且在仪表的应用上都有了重要的更新。作为国内推广国家标准和国际标准的主要推动者,安恒公司积极宣贯6类标准。作为安恒公司重要组成部分的安恒网络维护学院也同步完成了针对最新国际标准的培训,作为FLUKE CCTT(布线测试认证工程师培训)、CFTT(光纤测试认证工程师培训)的最新升级。另外,所有关心6类标准和测试的朋友们将很快在安恒的网站上看到他们所期待的东西(作者联系:zhangjingchuan@anheng.com.cn)。

附 录 2

布线系统常见故障及其定位技术

李瑞文

在综合布线工程验收过程中,对布线系统性能的验收测试是非常重要的一个环节,这样的测试我们通常称为认证测试,即依照相应的标准对被测链路的物理性能和电气性能进行检测。通过测试我们可以发现链路中存在的各种故障,这些故障包括接线图(Wire Map)错误、电缆长度(Length)问题、衰减(Attenuation)过大、近端串扰(NEXT)过高、回波损耗(Return Loss)过高等。为了保证工程的合格,故障需要被及时地解决,这样就对故障的定位技术以及定位的准确度提出了较高的要求。下面我们针对常见的故障以及美国 FLUKE 公司的 DSP4000 系列电缆测试仪的两个先进的故障定位技术进行一下简单的介绍。

• HDTDR™(High Definition Time Domain Reflectometry)高精度的时域反射技术,主要针对有阻抗变化的故障进行精确的定位。该技术通过在被测线对中发送测试信号,同时监测信号在该线对的反射相位和强度来确定故障的类型,通过信号发生反射的时间和信号在电缆中传输的速度可以精确地报告故障的具体位置。

• HDTDX™(High Definition Domain Crosstalk)高精度的时域串扰分析技术,主要针对各种导致串扰的故障进行精确的定位。以往对近端串扰的测试仅能提供串扰发生的频域结果,即只能知道串扰发生在哪个频点(MHz),并不能报告串扰发生的物理位置,这样的结果远远不能满足现场解决串扰故障的需求。而 HDTDX™ 技术是通过在一个线对上发送测试信号,同时在时域上对相邻线对测试串扰信号。由于是在时域进行测试,因此根据串扰发生的时间以及信号的传输速度可以精确地定位串扰发生的物理位置。这是目前惟一能够对近端串扰进行精确定位并且不存在测试死区的技术。

针对现场测试中常见的故障结合上面的测试技术我们进行详细的介绍:

1. 线图(Wire Map)错误——主要包括以下几种错误类型:反接、错对、串绕。对于前两种错误,一般的测试设备都可以很容易的发现,测试技术也非常简单,而串绕却是很难发现的。串绕错误的发生是因为我们在连接模块或接头时没有按照 T568A 或 T568B 规定,造成链路两端虽然在物理上实现了 1 < - > 1、2 < - > 2、……、8 < - > 8 的连接,但是没有保证 12、36、45、78 线对的双绞(这是时一种非常普遍存在的错误现象)。由于串绕破坏了线对的双绞因而造成了线对之间的串扰过大,这种错误会造成网络性能的下降或设备的死锁,然而一般的电缆验证测试设备是无法发现串绕位置的。利用 FLUKE 公司 DSP4000 的 HDTDX™ 我们就可以轻松地发现这类错误,它可以准确地报告串绕电缆的起点和终点(即使串绕存在于链路中的某一部分)。

非标准的接线方式导致双绞对被破坏，这样的电缆在带宽（MHz）应用较低的网络中（如：10BASE-T），对网络的性能影响并不明显。但在带宽（MHz）应用高的网络中（如：100BASE-Tx）可以导致网络性能明显下降、设备死锁等故障。

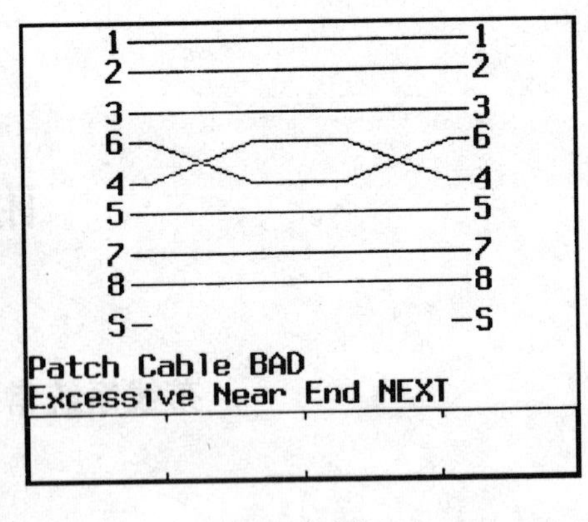

图例1:串绕

2. 电缆接线图及长度（Length）问题——主要包括以下几种错误类型：开路、短路、超长。开路、短路在故障点都会有很大的阻抗变化，对这类故障我们都可以利用FLUKE公司DSP4000的HDTDR™技术来进行定位。故障点会对测试信号造成不同程度的反射，并且不同的故障类型的阻抗变化是不同的，因此测试设备可以通过测试信号相位的变化以及相应的反射时延来判断故障类型和距离。当然定位的准确与否还受设备设定的信号在该链路中的额定传输速率（NVP）值决定。超长链路发现的原理是相同的。

图例：

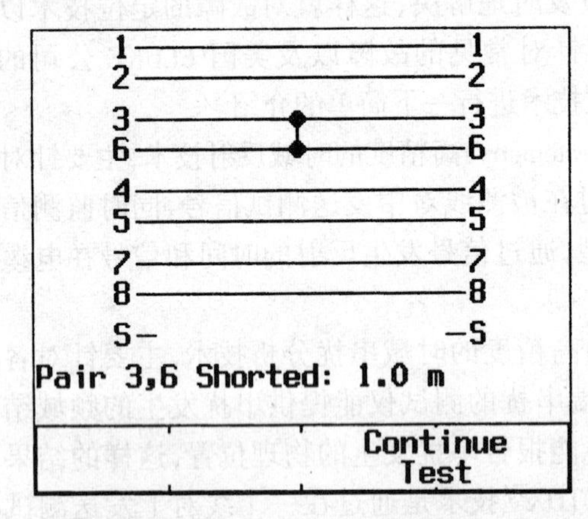

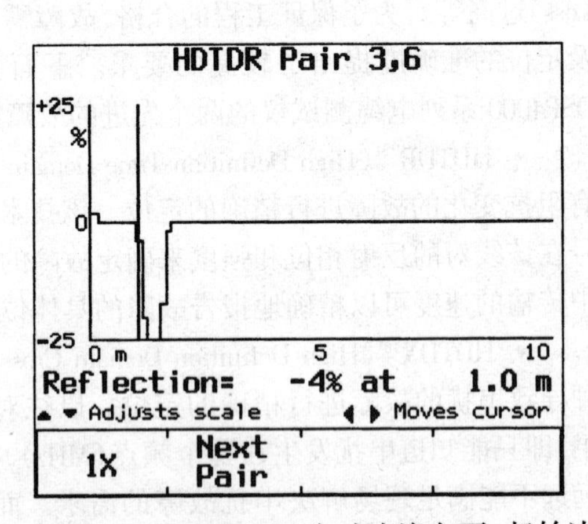

被测电缆36对在1.0m处短路。右图为HDTDR™定位分析图，短路时波峰向下，起始边为故障起始点，定位非常精确。

实例分析：

北京某设计院，办公网上某PC访问其他设备速度非常慢，而在同一HUB上的其他PC间相互访问速度正常。利用FLUKE DSP4000电缆测试仪测试后发现，PC到HUB的链路距离达到361英尺（110m），伴随着电缆超长仪器同时报告衰减失败。分析原因，由于电缆超长导致信号衰减过大，从而导致信号端接收端无法正确识别信号，网络纠错功能要求发送端重新发送数据，如此反复，导致网络访问性能下降。

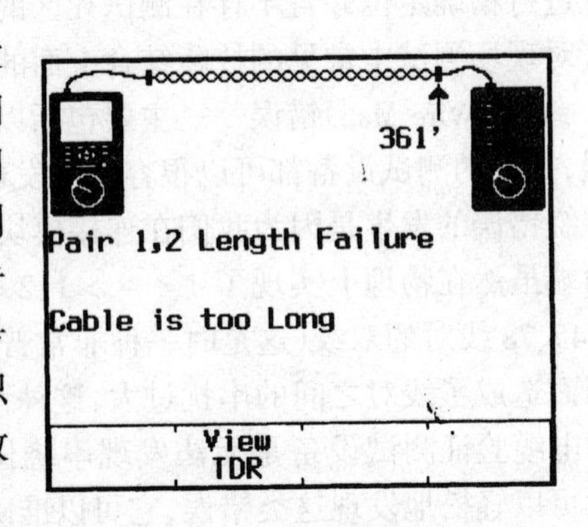

上面是几种有代表性的物理故障，我们可以发现，物理故障往往导致各种电气性能的故

障，下面我们就继续分析几种有代表性的电气性能故障。

1. 衰减(Attenuation)——衰减是指信号幅度沿链路传输的减弱，是由于电缆的电阻所造成的电能损耗以及电缆绝缘材料所造成的电能泄漏。信号的衰减同很多因素有关，如：现场的温度、湿度、频率、电缆长度等等。在现场测试工程中，在电缆材质合格的前提下，衰减大多与电缆超长有关，通过前面的介绍我们很容易知道，对于链路超长可以通过 HDTDR™ 进行精确的定位。

上面的链路超长的实例已经充分说明了 DSP4000 电缆测试仪的 HDTDR™ 对衰减定位的强大功能。

2. 近端串扰(NEXT)——串扰在通讯领域又叫串音，类似于噪声，是从相邻的线对传输过来的不期望的信号。近端串扰故障常见于链路中的接插件部位，由于端接时工艺不规范，如：接头部分未双绞部分超过推荐的 13mm，造成了电缆绞距被破坏，从而导致在这些位置产生过高的串扰。当然串扰不仅仅发生在接插件部位，一段不合格的电缆同样会导致串扰的不合格。对于这类故障，我们可以利用 FLUKE 公司 DSP4000 的 HDTDX™ 轻松地发现它们的位置，无论它是发生在某个接插件还是某一段链路。

实例：

一、某工程验收测试时发现 NEXT 不合格，我们通过测试仪器的 HDTDX™ 进行了故障定位。结果如图：在被测的 5 类链路中，从 2.0m 到 7.8m 的一段存在过高的 NEXT，经现场检查发现，该链路中混用了一段 3 类双绞线。

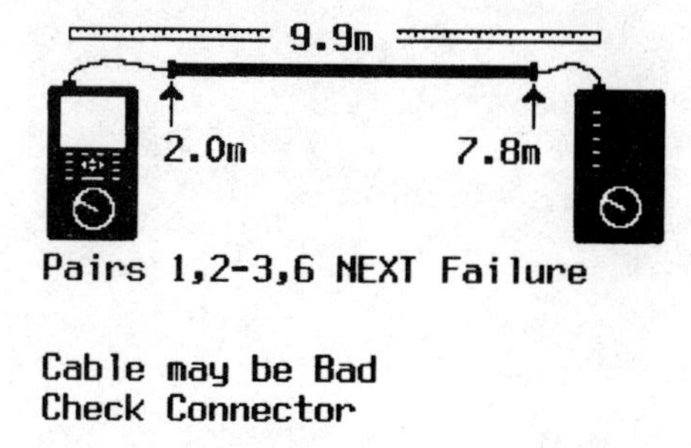

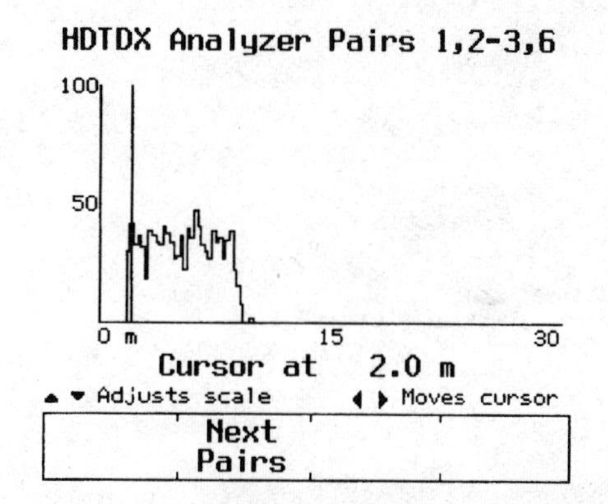

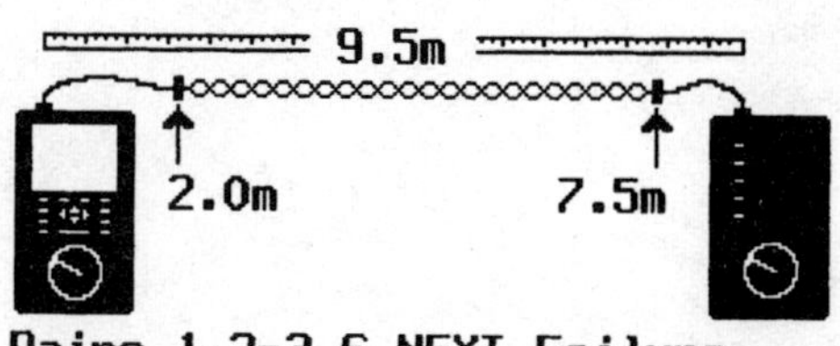

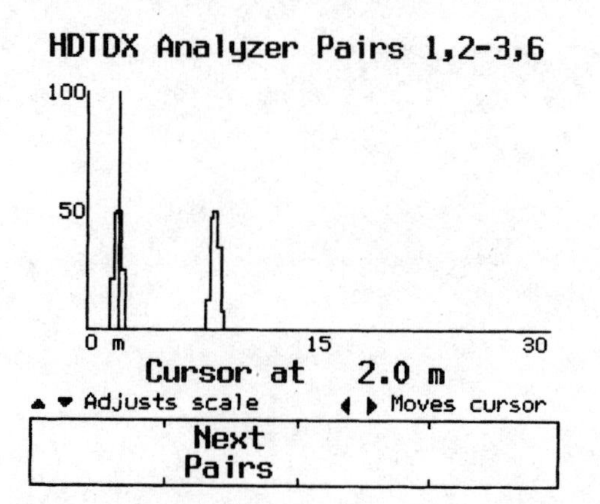

二、同样的工程中发现,链路中的两个点 NEXT 未通过。同样利用 HDTDX™ 我们发现这两点分别在链路中 2.0m 和 7.5m 处,经检查发现是由于这两处安装模块时对绞线打开过多造成的。

3. 回波损耗(Return Loss)——回波损耗是由于链路阻抗不匹配造成的信号反射。不匹配主要发生在连接器的地方,但也可能发生于电缆中特性阻抗发生变化的地方。由于在千兆以太网中用到了双绞线中的四对线同时双向传输(全双工),因此被反射的信号会被误认为是收到的信号而产生混乱。知道了回波损耗产生的原因——是由于阻抗变化引起的信号反射,我们就可以利用针对这类故障的 HDTDR™ 技术进行精确定位了。

实例:对一回波损耗不合格的链路进行故障定位,HDTDR™ 准确的报告了故障点在链路 1.8m 一模块处。

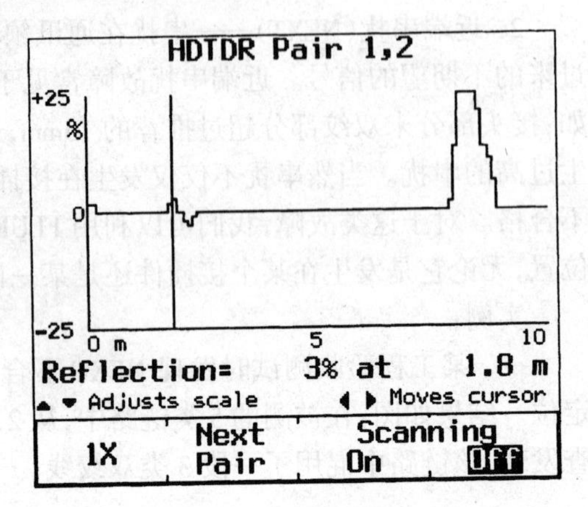

怎么样,有了 HDTDR™,HDTDX™ 这样的定位技术我们就可以高效、准确的解决各类电缆故障了。

注:以上这两个技术都是美国 FLUKE 公司注册的专利故障定位技术。

附 录 3

布线系统的现场测试技术

李瑞文

综合布线的验收测试是一项非常系统的工作，依据测试的阶段可以分为工前检测、随工检测、隐蔽工程签证和竣工检测。检测的内容涉及了施工环境、材料质量、设备安装工艺、电缆的布放、线缆的终接、电气性能测试等诸多方面。而对于用户来说，应该说最能反映工程质量的数据来自最终的电气性能测试。这样的测试能够通过链路的电气性能指标综合反映工程的施工质量，其中涵盖了产品质量、设计质量、施工质量、环境质量等等。以下就结合笔者的测试经验简要介绍一下在网络布线工程中的一些常见故障以及相应的检测方法。

首先介绍一下测试方法。根据网络布线工程现场施工和验收的需要，我们通常将现场布线系统的测试方式分为验证测试、认证测试两类。所谓验证测试通常是指，通过简单的测试手段来判断链路的物理特性是否正确。由于这类测试仅仅是通过简单的测试设备来确认链路的通断、长度及接线图等物理性能，而不能对复杂的电气特性进行分析，因此这类测试仅适用于随工检测。也就是说，在施工的过程中为了确保布线工程的施工质量，及时发现物理故障，我可以利用测试设备进行"随布随测"。这样的测试对仪器的要求相对较低，笔者曾经使用过的最好的应属 FLUKE F620。那么认证测试相对验证测试就要复杂得多，这也就是我们前面所提的电气性能测试。认证测试要以公共的测试标准（如：TIA TSB67，ISO11801）为基础，对布线系统的物理性能和电气性能进行严格测试，当然只有优于标准的才是合格的链路。这样的测试对仪器的精度要求是非常高的。认证测试往往是在布线工程全部完工后甲乙双方共同参与由第三方进行的验收性测试，这也是内容最全面的测试。其实，从测试的范围来讲，认证测试涵盖了验证测试的全部测试内容。

布线系统的故障大体可以分为物理故障和电气性能故障两大类。

一、物理故障——主要是指由于主观因素造成的可以直接观察的故障，如：模块、接头的线序错误，链路的开路、短路、超长等。对于开路、短路、超长这类故障，我们通常利用具有时域反射技术（TDR）的设备进行定位。它的原理是通过在链路一端发送脉冲信号，同时监测反射信号的相位变化及时间，从而确认故障点的距离和状态。精度高的仪器距离误差可控制在 2%左右。物理故障中最常见的要数线序错误。反接（Reverse）、跨接（Cross Pairs）、串绕（Split Pair）等就是这类故障中最典型的。我们知道标准的接线方式（T568A 或 T568B）能够保证正确的双绞线序，从而使链路的电气性能符合网络应用的需求。而在我测试过的很多布线系统中，由于施工人员或用户不了解打线标准，导致了很多接线故障。这些故障（除串绕外）利用一般的通断型测试仪就能轻易的检测出来，这类仪器价格最便宜的仅几十元。

但是能够发现串绕(Split Pair)故障的仪器,最低的也要数千元(注:串绕——就是直接将四对对绞线平行插入接头,造成3,6接收线对未双绞。这样的电缆在传输数据时会产生大量的串绕信号,这种噪声会破坏正常信号的传输,从而导致网路传输性能的下降)。物理故障实际上通过随工进行的验证测试是很容易发现和解决的。

二、电气性能故障——主要是指链路的电气性能指标未达到测试标准的要求。诸如近端串扰、衰减、回波损耗等。随着网络传输速率的不断提高,不同编码技术对带宽需求的不断增加,网络传输对线路的电气性能要求也越来越高。在10BASE-T时代,其编码带宽仅用到了10MHz,并且只用到了4对双绞线中的两对(1,2为传输对,3,6为接收对),而当以太网发展到现在的1000BASE-T,最大编码带宽已飞升到100MHz,并且用到了全部四个双绞对进行全双工传输。因此对电气性能测试的标准也越来越高,项目也越来越多。以TIA的标准为例,其测试Cat5的标准TSB67仅规定了四个基本测试项目,其中电气性能参数仅有近端串扰(NEXT)和衰减(Attenuation)两项,而Cat5E的标准TIA-568-A-5-2000测试项目增加到了八项,其中与串扰有关的参数就占到了一半。下面我们针对几项重要的电气性能参数来分析一下。

1. 近端串扰(NEXT)

"串扰"是指线缆传输数据时线对间信号的相互泄漏,它类似于噪声,严重影响信号的正确传输。"近端串扰"是指串扰的测量是在测量信号发送端进行的。这个参数在标准中是要求双向测试的。导致串扰过大的原因主要有两类,一是选用的元器件不符合标准,如:购买了伪劣产品;不同标准的硬件混用等。另一是施工工艺不规范,常见的如:电缆牵引力过大(超过5*N+5kg),破坏了电缆的绞距;接线图错误(Split Pair);跳线接头处或模块处双绞对打开过长(超过13mm)等。目前对串扰定位的最好技术应属FLUKE DSP系列电缆测试仪中提供的时域串扰分析技术(TDX)。以往发现串扰不合格时,我们仅能获得频域的结果,即仅知道在多少兆赫兹时串扰不合格,但这样的结果并不能帮助我们在现场去解决故障。而串扰定位技术可以非常准确的告诉我们串扰故障发生的物理距离,不管是一个接头还是一段电缆。

2. 综合近端串扰(NEXT)

由于1000-BASE-T的应用突破了原有的两对线应用模型,而采用四对线圈双工传输模式,因此很多与串扰有关的测试参数也变得复杂了。原来,我们仅关心一个线对对另一个线对的影响,而现在我们不得不同时考虑三个线对对同一线对的影响。

3. 衰减(Attenuation)

衰减是指信号在链路中传输时能量的损耗程度。在现场测试中发现衰减不通过往往同两个原因有关:一个是链路超长,这就好比一个人在向距离很远的另一个人喊话,如果距离过远,声音衰减过大导致对方无法听清。信号传输衰减也是同样的道理,它可以导致网络速度缓慢甚至无法互联;另一原因是链路阻抗异常,过高的阻抗消耗了过多的信号能量,致使接收方无法判决信号。对于衰减故障我们可以通过前面提到过的时域反射技术(TDR)来进行精确定位。

4. 回波损耗(Return Loss)

回波损耗是指信号在电缆中传输时被反射回来的信号能量强度。这个参数是在Cat5E链路测试标准中出现的,测试该参数是出于1000BASE-T全双工传输的需要。因为在同一线对内被反射回来的信号会干扰同向传输的正常信号。这就好比山谷中相距很远的两个人在相互喊话,一方喊话的回声会影响其收听对方的声音。回波损耗的故障率在 Cat5E 链路测试中是比较高的。这类故障主要同链路的阻抗变化有关,因此我们同样可以采用 TDR 技术进行定位。还有一点值得注意的是,因为该项测试技术非常复杂,对测试仪器的精确度要求非常高,因此测试仪器本身及其接插件的磨损都有可能成为导致回波损耗失败的原因。

在众多的布线故障中,除了一部分是元件质量问题引起的,绝大部分都是由于人为因素造成的。因此,严格遵循设计规范、施工规范是确保布线工程质量的根本所在。同时掌握一定的测试技术,配备必不可少的测试工具,为布线工程质量提供有力的保障。

附 录 4

线缆的测试方法有哪些？

王志军

布线工程的检测尽管是个很专业的问题，但由于它是把握布线工程质量的关键，所以越来越多的相关人员开始注重对布线工程的测试问题。实际上布线工程的测试对于几乎所有的人员来说都是要关心的。

布线产品的生产厂商从使用其布线产品的工程能否保证达到合格的角度上关心布线的测试；布线的施工商从能否为用户提供高质量的工程角度上关心布线的测试；布线工程的设计人员从能否为用户提供一个从设计到安装到工程验收全方面的设计方案角度上关心布线的测试；布线工程的施工监理从如何把握工程施工质量角度上关心布线的测试；最终的用户从能否得到符合标准的工程角度上关心布线的测试；布线系统的最终使用和管理者——网络管理员，更关心布线系统是否能为其提供性能高且可靠的数据传输，所以布线系统要进行测试以认证一下。

从线缆测试的方法来了解布线的测试是比较实际的，一般来讲布线的测试有验证测试与认证测试两种方法。对布线的验证测试非常的简单，多数情况下只是测试简单的通断和长度。过去人们认为布线的测试是一个简单的问题，“不就是测测通断嘛”。这种观点至今还有不少的支持者，而今很多的布线工程就是在这种观点下遗留了工程质量问题。由于今日的布线系统要有非常高的性能和可靠性才能为高速的数据传输提供可靠的保证，所以单靠线路是否能通这种检验显然是不能保证布线系统的质量的。

可以想像一下，在今天的网络应用中四对由两条 0.51mm 直径均匀绞接的线对和相应的接插件所组成的链路要在 100m 内提供 1G bps 的数据传输，对这样的布线链路的要求就绝不是只能传输几十 k bps 的传统线缆所能提供的。为了让这样的一个工程能达到设计的级别，就必须对其进行认证测试。认证测试就是使用专用的现场测试仪器对布线的链路按标准进行性能的检测。由于专用的现场测试仪非常地精确和自动化，使用者只要选定了测试的布线类型和国际标准后，只要按下 AutoTEST 测试键就可以由测试仪完成全部的测试项目，并将测试结果显示出来，测试者也可以将这个测试结果作为测试报告输出到打印机上(见附录测试报告)。要了解布线链路的认证测试标准以及测试标准中各项参数对于布线系统的性能的意义是非常有必要的，这部分内容不在本文讨论的范围内(感兴趣的读者可以参加安恒——FLUKE 网络维护学院的 CCTT 布线认证测试工程师培训课程)。

布线的元件标准和链路测试标准

有人认为既然在布线工程中采用的是合格的线缆和接插件(如：Cat5 电缆和器件)，那布线就是合格的。针对这种认识我们了解一下布线工程的质量是由哪些因素来决定的：

1. 从布线产品的生产角度来说，主要是各个部件的生产（包括电缆以及接插件等），是有严格的标准的。工程能否合格的前提条件就是使用符合制造元件标准的产品，如果这个环节有问题，那从根本上就不能使布线工程达到标准。对于布线元件包括电缆质量的检测是要使用实验室设备按照相应的国际标准进行的，这类检测原则上是不能由现场测试仪器来代替的。目前国内有很多专业的检测机构：如线缆的研究机构，技术监督局等质检机构，都装备有昂贵的实验室检测设备，可以对布线的元件根据相应的国际标准进行性能检测。

2. 从布线的工程角度来说，要交付的是布线的完整的链路，这样的链路是提供数据传输的基础，一个布线链路要包括电缆和相应的接插件，并需要通过现场的施工来组合成完整的链路。如果上述的布线元件达到了相应的布线级别，那么这个工程能否合格就主要依赖于布线施工的水平了。由于用户使用的不是单一的元件，而是需要整个布线的链路能达到相应的级别，因而对于布线工程就需要对链路进行测试，而不仅仅是让元件达到标准。这种测试就是我们常说的“布线现场认证测试”。

上面的解释也说明了，全部采用合格产品的布线工程为什么还是必须要进行认证测试的原因。在国际标准中，对于布线也有元件标准与链路标准之分。从布线工程角度讲，最终用户需要的是达到标准的链路，所以要以链路标准完成布线工程的测试。

专用标准与通用标准

对于布线链路标准的测试有网络标准和通用标准之分，如果布线系统是专为某一种网络应用而设计的，在测试这样的布线中就可以选择相应的网络标准，如：100Base-TX。

如果是对综合布线系统进行认证测试，显然就不能用网络标准或专用标准进行测试，因为综合布线的目的就在于建设布线系统时为建筑物提供一个独立应用的高性能布线系统。此时，就需要用比各个网络布线标准更全面和严格的标准进行布线系统认证。附录中的测试报告左下方的几行文字说明，该链路通过了所选择的标准（TIA Cat 6 Basic Link）测试后，能支持的现有网络应用标准。

目前关于布线的现场认证测试标准发展比较快，仅 TIA 标准中关于 100MHz 5 类布线系统的现场测试标准，从 1995 年第一个测试标准 TSB-67、1999 年秋发布的 TSB-95 到 2000 年初发布的 TIA-A-5-2000 共有三个标准，在测试工作之前一定要明确被测试的布线要通过什么样的标准。简单的来说，TSB-67 是为 5 类布线链路进行测试的标准，当要将已经完成 TSB-67 测试的布线系统运用到 1000Base-T 的千兆以太网时，就必须要对此链路进行 TSB-95 的测试。如果要对今日安装的增强五类布线系统进行测试时，就必须对此链路进行 TIA-A-5-2000 的测试。

故障诊断、噪声的监测与音频定位

如果我们将大部分的测试工作交给测试仪自动完成时，会发现布线工程的测试并没有简单到一切都不用考虑了。在实际中我们总会遇到测试没有被通过的情况，此时，我们最需要的就是将布线测试中失败的原因找出来，并立即改正。所以我们不仅要求现场的测试仪表能自动完成全部的测试任务还需要它在布线发生性能问题时立即成为故障诊断仪器并迅速将故障定位。这也是大多数人在选购布线现场测试仪时主要考虑的因素。有的布线工程的现场测试仪（如：FLUKE 的 DSP 系列数字式电缆测试仪）能完成从链路的通断定位到各类性能故障的全部自动诊断和定位，下图显示了对于 1，2-4，5 线对间近端串扰测试失败的原因是从 131～262 英尺间的电缆坏了。这个诊断结果就是在自动测试发现链路有性能故障后自动完成的。

布线系统中所遇到的外部噪声干扰会对高速的数据传输产生性能的影响，有时会很严重。环境噪声有白噪声和脉冲噪声两类，对于这两类噪声测试仪都可以进行分析。

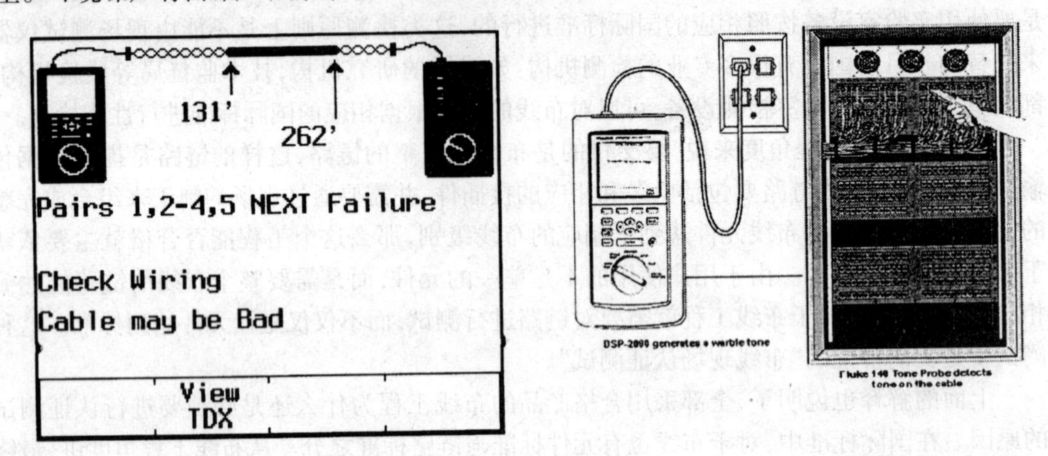

当要对布线进行标识和管理时，我们会发现非常需要一个简捷的方法将布线的信息插座与配线架对应起来，即我们通常所说的对号。这是一个非常简单的需求，但没有工具却很难完成，借助测试仪附加的音频定位器就可以很轻易的完成这个工作。由测试仪表在信息插座端发出音频测试信号，用这种感应式的探测器可以在几十秒钟内迅速找到载有测试信号的电缆。这个定位方法是维护和管理大型布线系统所必备的。

我们这里仅就布线的测试方法进行了简单的介绍，布线工程的测试是一个非常需要实际经验的工作，而对相应的标准的掌握则是测试的基础，两者结合起来就能很好地完成布线的测试工作。

联系作者：zjwang@anheng.com

附录:测试报告样例

安恒公司
www.anheng.com

操作人员: 李瑞文
标准版本: 4.06　软件版本: 4.06
NVP: 69.0%　阻抗异常临界值: 15%
屏蔽测试: 无效

测试总结果: 通过
电缆识别名: B2001-ROOM123-PORT B
余量: 7.3 dB (NEXT 12-36)
地点: ABC 办公大楼
日期 / 时间: 08/09/2000　09:06:17am
测试标准: TIA Cat 6 Basic Link
电缆类型: UTP 100 Ohm Cat 6
FLUKE DSP-4100　S/N: 1234567 LIA081
FLUKE DSP-4100SR S/N: 0000001 LIA081

接线图	1 2 3 4 5 6 7 8 S
通过	| | | | | | | |
	1 2 3 4 5 6 7 8

长度 (ft), 极限值 308 [线对 12]	111
传输时延 (ns), 极限值 518 [线对 12]	163
时延偏离 (ns), 极限值 45 [线对 12]	7
电阻值 (欧姆) [线对 12]	
特性阻抗 (欧姆), 极限值 80-120 [线对 12]	114
异常位置 (ft)	
衰减 (dB) [线对 36]	12.6
频率 (MHz)	250.0
极限值 (dB)	31.8

	最差余量		最差值	
通过	主机	智能远端	主机	智能远端
最差线对	12-36	36-45	12-36	36-45
NEXT (dB)	63.4	43.2	43.8	43.2
频率 (MHz)	13.0	242.0	222.5	242.0
极限值 (dB)	56.1	35.5	36.1	35.5
最差线对	36	45	36	45
PSNEXT (dB)	40.7	41.7	40.7	41.7
频率 (MHz)	223.0	242.0	223.0	242.0
极限值 (dB)	33.6	33.0	33.6	33.0

通过	主机	智能远端	主机	智能远端
最差线对	78-36	12-45	36-45	36-45
ELFEXT (dB)	28.0	30.6	27.6	27.2
频率 (MHz)	184.0	144.5	227.5	227.5
极限值 (dB)	19.9	22.0	18.0	18.0
最差线对	36	36	36	36
PSELFEXT (dB)	25.8	26.0	25.4	25.4
频率 (MHz)	184.5	185.5	247.0	232.5
极限值 (dB)	16.9	16.8	14.3	14.8

通过	主机	智能远端	主机	智能远端
最差线对	78-36	12-45	36-45	36-45
ELFEXT (dB)	28.0	30.6	27.6	27.2
频率 (MHz)	184.0	144.5	227.5	227.5
极限值 (dB)	19.9	22.0	18.0	18.0
最差线对	36	36	36	36
PSELFEXT (dB)	25.8	26.0	25.4	25.4
频率 (MHz)	184.5	185.5	247.0	232.5
极限值 (dB)	16.9	16.8	14.3	14.8

通过	主机	智能远端	主机	智能远端
最差线对	12-36	12-45	12-36	36-45
ACR (dB)	60.7	67.0	31.5	31.2
频率 (MHz)	12.9	8.9	240.0	242.0
极限值 (dB)	49.5	53.2	4.5	4.3
最差线对	12	12	36	36
PSACR (dB)	59.3	61.4	28.8	29.3
频率 (MHz)	12.9	12.3	223.0	242.0
极限值 (dB)	47.2	47.7	3.7	1.7

通过	主机	智能远端	主机	智能远端
最差线对	12	45	45	78
RL (dB)	21.0	20.8	18.5	17.3
频率 (MHz)	13.2	16.6	249.0	250.0
极限值 (dB)	19.0	19.0	11.3	11.3

满足的标准:

10BASE-T	100BASE-TX	100BASE-T4
1000BASE-T	ATM-25	ATM-51
ATM-155	100VG-AnyLan	TR-4
TR-16 Active	TR-16 Passive	TP-PMD